〔春秋〕孔子述　〔西漢〕戴聖編纂

孝經·禮記

廣陵書社
中國·揚州

U0645099

圖書在版編目（CIP）數據

孝經・禮記 / (春秋) 孔子述 ; (西漢) 戴聖編纂
. -- 揚州 : 廣陵書社, 2023.3
(國學經典叢書)
ISBN 978-7-5554-2014-9

Ⅰ. ①孝… Ⅱ. ①孔… ②戴… Ⅲ. ①家庭道德－中國－古代②孝－中國－古代 Ⅳ. ①B823.1-49

中國國家版本館CIP數據核字(2023)第037319號

書　　名　孝經・禮記
著　　者　〔春秋〕孔子 述　〔西漢〕戴聖 編纂
責任編輯　李　佩
出 版 人　曾學文
裝幀設計　鴻儒文軒

出版發行　廣陵書社
揚州市四望亭路 2-4 號　郵編：225001
(0514)85228081(總編辦)　85228088(發行部)
http://www.yzglpub.com　E-mail：yzglss@163.com
印　　刷　三河市華東印刷有限公司

開　　本　880 毫米 ×1230 毫米　1/32
印　　張　11.75
字　　數　170 千字
版　　次　2023 年 3 月第 1 版
印　　次　2023 年 3 月第 1 次印刷
標準書號　ISBN 978-7-5554-2014-9
定　　價　58.00 圓

編輯説明

自上世紀九十年代始，我社陸續編輯出版一套綫裝本中華傳統文化普及讀物，名爲《文華叢書》。編者孜孜矻矻，兀兀窮年，歷經二十載，聚爲上百種，集腋成裘，蔚爲可觀。叢書以内容經典、形式古雅、編校精審，深受讀者歡迎，不少品種已不斷重印，常銷常新。

國學經典，百讀不厭，其中藴含的生活情趣、生命哲理、人生智慧，以及家國情懷、歷史經驗、宇宙真諦，令人回味無窮，啓迪至深。爲了方便讀者閲讀國學原典，更廣泛地普及傳統文化，特于《文華叢書》基礎上，重加編輯，推出《國學經典叢書》。

本叢書甄選國學之基本典籍，萃精華于一編。以内容言，所選均爲家喻户曉的經典名著，涵蓋經史子集，包羅詩詞文賦、小品蒙書，琳琅滿目；以篇幅言，每種規模不大，或數種彙于一書，便于誦讀；以形式言，採用傳統版式，字大文簡，讀來令人賞心悦目；以編輯言，力求精擇良善版本，細加校勘，注重精讀原文，偶作簡明小注，或酌配古典版畫，體現編輯的匠心。

當下國學典籍的出版方興未艾，品質參差不齊。希望這套我社經年打造的品牌叢書，能爲讀者朋友閱讀經典提供真正的精善讀本。

廣陵書社編輯部

二〇二三年三月

出版説明

《孝經》是中國古代儒家倫理思想的代表作，共一千八百餘字，儒家『十三經』之一，相傳爲孔子所述。自西漢至魏晉南北朝，《孝經》的注解著作多達百種，現在流行的版本是由唐玄宗李隆基注、宋代邢昺疏的注疏本。《孝經》共分十八章，以孝爲中心，主要闡述了『孝道』的基本理論、『孝道』與政治的關係、『孝道』的實行等方面，它肯定了『孝』是上天所定的規範，『夫孝，天之經也，地之義也，民之行也』，指出孝是諸德之本，國君可以用孝治理國家，臣民能够用孝立身理家，把『孝』的社會作用推而廣之，肯定了孝道對社會的作用。另一方面，書中所宣揚的孝道『等級論』、唯心主義的世界觀和以『孝』勸『忠』等思想，也需要區别對待。

《孝經》一書作爲倡導『孝行』的一面旗幟，肯定了尊老、敬老、養老、送老的原則，在人類的文明史上具有毋庸置疑的進步性，對於現代生活的和諧美滿也有十分重要的啓示作用，值得我們閲讀重温。

《禮記》是中華禮樂文明的代表作，許多內容是記述孔子言行，多數篇章可能是孔子弟子及其再傳弟子所作，兼收先秦的其他典籍。現行的《禮記》是西漢戴聖編纂而成，也稱《小戴禮記》。《禮記》共四十九篇，始於《曲禮》，終於《喪服四制》。作爲與《周禮》《儀禮》並列的「三禮」之一，《禮記》自漢代的鄭玄作「注」以後，地位日益上升，唐代取得「經」的地位，宋代以來，位列「三禮」之首，居「十三經」之一，爲士者必讀之書。

《禮記》主要是記載和論述先秦漢民族的禮制、禮儀，解釋《儀禮》，記録孔子和弟子等的問答，記述修身做人的準則，涉及政治、法律、道德、哲學、歷史、祭祀、文藝、日常生活、曆法等諸多方面，是闡述先秦儒家思想的重要文獻，也是研究先秦社會的重要資料。數千年來，它以深厚的哲學底蘊塑造了我們民族的品格，爲我們提供了具有普遍意義的價值觀、倫理觀、道德觀、人生觀。在科技飛速發展、物質生活不斷豐富的當代社會，如何創建更加和諧的人際關係，如何獲得更加美好的精神生活，這些問題我們也可以从《禮記》中尋找答案。

『孝』作爲『禮』的一個重要方面，二者有着不可分割的聯係，我社此次編輯出版的《孝經》與《禮記》合二为一，所用底本即學界通行的阮刻《十三經注疏》，并参校其他版本，以饗讀者。

廣陵書社編輯部

二〇二三年三月

孝經目録

禮記目録

孝經序

李隆基

朕聞上古，其風朴略，雖因心之孝已萌，而資敬之禮猶簡。及乎仁義既有，親譽益著。聖人知孝之可以教人也，故因嚴以教敬，因親以教愛。于是以順移忠之道昭矣，立身揚名之義彰矣。子曰：『吾志在《春秋》，行在《孝經》。』是知孝者德之本歟。

經曰：『昔者明王之以孝理天下也，不敢遺小國之臣，而況于公、侯、伯、子、男乎？』朕嘗三復斯言，景行先哲。雖無德教加于百姓，庶幾廣愛形于四海。

嗟乎！夫子没而微言絶，異端起而大義乖。況泯絶于秦，得之者皆煨燼之末；濫觴于漢，傳之者皆糟粕之餘。故魯史《春秋》，學開五傳；《國風》《雅》《頌》，分爲四詩。去聖逾遠，源流益别。近觀《孝經》舊注，踳駁尤甚。至于迹相祖述，殆且百家。業擅專門，猶將十室。希升堂者，必自開户牖。攀逸駕者，必騁殊軌轍。是以道隱小成，言隱浮僞。且傳以通經爲義，義以必當爲主。至當歸一，精義無二。安得不翦其繁蕪，而撮其樞要也。

韋昭、王肅，先儒之領袖；虞翻、劉邵，抑又次焉。劉炫明安國之本，陸澄譏康成之注。在理或當，何必求人？今故特舉六家之異同，會五經之旨趣；約文敷暢，義則昭然；分注錯經，理亦條貫。寫之琬琰，庶有補于將來。

且夫子談經，志取垂訓。雖五孝之用則别，而百行之源不殊。是以一章之中，凡有數句；一句之内，意有兼明。具載則文繁，略之又義闕。今存于疏，用廣發揮。

孝經卷第一

開宗明義章第一

仲尼居，曾子侍。子曰：『先王有至德要道，以順天下，民用和睦，上下無怨。汝知之乎？』

曾子避席曰：『參不敏，何足以知之？』

子曰：『夫孝，德之本也，教之所由生也。復坐，吾語汝。』

『身體髮膚，受之父母，不敢毀傷，孝之始也。立身行道，揚名于後世，以顯父母，孝之終也。夫孝始于事親，中于事君，終于立身。《大雅》云：「無念爾祖，聿脩厥德。」』

天子章第二

子曰：『愛親者，不敢惡于人；敬親者，不敢慢于人。愛敬盡于事親，而德教加于百姓，刑于四海。蓋天子之孝也。《甫刑》云：「一人有慶，兆民賴之。」』

孝經卷第二

諸侯章第三

『在上不驕，高而不危；制節謹度，滿而不溢。高而不危，所以長守貴也；滿而不溢，所以長守富也。富貴不離其身，然後能保其社稷，而和其民人。蓋諸侯之孝也。《詩》云：「戰戰兢兢，如臨深淵，如履薄冰。」』

卿大夫章第四

『非先王之法服不敢服，非先王之法言不敢道，非先王之德行不敢行。是故非法不言，非道不行；口無擇言，身無擇行；言滿天下無口過，行滿天下無怨惡：三者備矣，然後能守其宗廟。蓋卿大夫之孝也。《詩》云：「夙夜匪懈，以事一人。」』

士章第五

『資于事父以事母，而愛同；資于事父以事君，而敬同。故母取其愛，而君取其敬，兼之者父也。故以孝事君則忠，以敬事長則順。忠順不失，以事其上，然後能保其祿位，而守其祭祀。蓋士之孝也。《詩》云：「夙興夜寐，無忝爾所生。」』

孝經卷第二

庶人章第六

「用天之道，分地之利，謹身節用，以養父母，此庶人之孝也。故自天子至于庶人，孝無終始，而患不及者，未之有也。」

三才章第七

曾子曰：「甚哉，孝之大也！」

子曰：「夫孝，天之經也，地之義也，民之行也。天地之經，而民是則之。則天之明，因地之利，以順天下。是以其教不肅而成，其政不嚴而治。先王見教之可以化民也，是故先之以博愛，而民莫遺其親；陳之于德義，而民興行；先之以敬讓，而民不爭；導之以禮樂，而民和睦；示之以好惡，而民知禁。《詩》云：『赫赫師尹，民具爾瞻。』」

孝經卷第四

孝治章第八

子曰：『昔者明王之以孝治天下也，不敢遺小國之臣，而况于公、侯、伯、子、男乎？故得萬國之歡心，以事其先王。治國者，不敢侮于鰥寡，而况于士民乎？故得百姓之歡心，以事其先君。治家者，不敢失于臣妾，而况于妻子乎？故得人之歡心，以事其親。夫然，故生則親安之，祭則鬼享之。是以天下和平，灾害不生，禍亂不作。故明王之以孝治天下也如此。《詩》云：「有覺德行，四國順之。」』

孝經卷第五

聖治章第九

曾子曰：『敢問聖人之德，無以加于孝乎？』

子曰：『天地之性，人爲貴。人之行，莫大于孝。孝莫大于嚴父。嚴父莫大于配天，則周公其人也。昔者周公郊祀后稷以配天，宗祀文王于明堂，以配上帝。是以四海之内，各以其職來祭。夫聖人之德，又何以加于孝乎？故親生之膝下，以養父母日嚴。聖人因嚴以教敬，因親以教愛。聖人之教不肅而成，其政不嚴而治。其所因者本也。父子之道，天性也，君臣之義也。父母生之，續莫大焉。君親臨之，厚莫重焉。故不愛其親而愛他人者，謂之悖德；不敬其親而敬他人者，謂之悖禮。以順則逆，民無則焉。不在于善，而皆在于凶德。雖得之，君子不貴也。君子則不然，言思可道，行思可樂，德義可尊，作事可法，容止可觀，進退可度。以臨其民，是以其民畏而愛之，則而象之。故能成其德教，而行其政令。《詩》云：「淑人君子，其儀不忒。」』

紀孝行章第十

子曰：『孝子之事親也，居則致其敬，養則致其樂，病則致其憂，喪則致其哀，祭則致其嚴。五者備矣，然後能事親。事親者，居上不驕，爲下不亂，在醜不争。居上而驕則亡，爲下而亂則刑，在醜而争則兵。三者不除，雖日用三牲之養，猶爲不孝也。』

五刑章第十一

子曰：『五刑之屬三千，而罪莫大于不孝。要君者無上，非聖人者無法，非孝者無親。此大亂之道也。』

廣要道章第十二

子曰：『教民親愛，莫善于孝。教民禮順，莫善于悌。移風易俗，莫善于樂。安上治民，莫善于禮。禮者，敬而已矣。故敬其父，則子悦；敬其兄，則弟悦；敬其君，則臣悦；敬一人，而千萬人悦：所敬者寡，而悦者衆。此之謂要道也。』

孝經卷第七

廣至德章第十三

子曰：『君子之教以孝也，非家至而日見之也。教以孝，所以敬天下之爲人父者也。教以悌，所以敬天下之爲人兄者也。教以臣，所以敬天下之爲人君者也。《詩》云：「愷悌君子，民之父母。」非至德，其孰能順民如此其大者乎！』

廣揚名章第十四

子曰：『君子之事親孝，故忠可移于君；事兄悌，故順可移于長；居家理，故治可移于官。是以行成于内，而名立于後世矣。』

諫諍章第十五

曾子曰：『若夫慈愛恭敬，安親揚名，則聞命矣。敢問子從父之令，可謂孝乎？』

子曰：『是何言與？是何言與？昔者天子有争臣七人，雖無道，不失其天下；諸侯有争臣五人，雖無道，不失其國；大夫有争臣三人，雖無道，不失其家；士有争友，則身不離于令名；父有争子，則身不陷于不義。故當不義，則子不可以不争于父，臣不可以不争于君。故當不義，則争之。從父之令，又焉得爲孝乎！』

孝經卷第八

感應章第十六

子曰：『昔者明王事父孝，故事天明；事母孝，故事地察；長幼順，故上下治。天地明察，神明彰矣。故雖天子，必有尊也，言有父也；必有先也，言有兄也。宗廟致敬，不忘親也；脩身慎行，恐辱先也。宗廟致敬，鬼神著矣。孝悌之至，通于神明，光于四海，無所不通。《詩》云：「自西自東，自南自北，無思不服。」』

事君章第十七

子曰：『君子之事上也，進思盡忠，退思補過，將順其美，匡救其惡，故上下能相親也。《詩》云：「心乎愛矣，遐不謂矣。中心藏之，何日忘之？」』

喪親章第十八

子曰：『孝子之喪親也，哭不偯，禮無容，言不文，服美不安，聞樂不樂，食旨不甘，此哀戚之情也。三日而食，教民無以死傷生，毁不滅性，此聖人之政也。喪不過三年，示民有終也。爲之棺槨衣衾而舉之，陳其簠簋而哀戚之。擗踊哭泣，哀以送之；卜其宅兆，而安措之；爲之宗廟，以鬼享之；春秋祭祀，以時思之。生事愛敬，死事哀戚，生民之本盡矣，死生之義備矣，孝子之事親終矣。』

禮記卷第一

曲禮上第一

《曲禮》曰：毋不敬，儼若思，安定辭。安民哉！

敖不可長，欲不可從，志不可滿，樂不可極。

賢者狎而敬之，畏而愛之。愛而知其惡，憎而知其善。積而能散，安安而能遷。

臨財毋苟得，臨難毋苟免。很毋求勝，分毋求多。疑事毋質，直而勿有。

若夫，坐如尸，立如齊。禮從宜，使從俗。

夫禮者，所以定親疏、決嫌疑、别同異、明是非也。禮不妄説人，不辭費。禮不踰節，不侵侮，不好狎。脩身踐言，謂之善行。行脩言道，禮之質也。禮聞取于人，不聞取人。禮聞來學，不聞往教。

道德仁義，非禮不成。教訓正俗，非禮不備。分争辨訟，非禮不決。君臣、上下、父子、兄弟，非禮不定。宦學事師，非禮不親。班朝治軍，莅官行法，非禮威嚴不行。禱祠祭祀，供給鬼神，非禮不誠不莊。是以君子恭敬撙節退讓以明禮。鸚鵡能言，不離飛鳥；猩猩能言，不離禽獸。今人而無禮，雖能言，不亦禽獸之心乎？夫唯禽獸無禮，故父子聚麀。是故聖人作，爲禮以教人，使人以有禮，知自別于禽獸。

太上貴德，其次務施報。禮尚往來，往而不來，非禮也；來而不往，亦非禮也。人有禮則安，無禮則危。故曰：禮者不可不學也。夫禮者，自卑而尊人，雖負販者，必有尊也，而况富貴乎？富貴而知好禮，則不驕不淫；貧賤而知好禮，則志不懾。

人生十年曰幼，學。二十曰弱，冠。三十曰壯，有室。四十曰强，而仕。五十曰艾，服官政。六十曰耆，指使。七十曰老，而傳。八十、九十曰耄。七年曰悼。悼與耄，雖有罪，不加刑焉。百年曰期頤。

大夫七十而致事。若不得謝，則必賜之几杖，行役以婦人，適四方，乘安車，自稱曰老夫，于其國則稱名。越國而問焉，必告之以其制。

謀于長者，必操几杖以從之。長者問，不辭讓而對，非禮也。

凡爲人子之禮，冬温而夏凊，昏定而晨省。在醜夷不争。

夫爲人子者，三賜不及車馬，故州閭鄉黨稱其孝也，兄弟親戚稱其慈也，僚友稱其弟也，執友稱其仁也，交游稱其信也。見父之執，不謂之進不敢進，不謂之退不敢退，不問不敢對。此孝子之行也。

夫爲人子者，出必告，反必面。所游必有常，所習必有業。恒言不稱老。年長以倍，則父事之。十年以長，則兄事之。五年以長，則肩隨之。群居五人，則長者必異席。

爲人子者，居不主奥，坐不中席，行不中道，立不中門。食饗不爲概，祭祀不爲尸。聽于無聲，視于無形。不登高，不臨深，不苟訾，不苟笑。

孝子不服闇，不登危，懼辱親也。父母存，不許友以死。不有私財。

爲人子者，父母存，冠衣不純素。孤子當室，冠衣不純采。

幼子常視毋誑，童子不衣裘裳。立必正方，不傾聽。長者與之提携，則兩手奉長者之手。負劍辟咡詔之，則掩口而對。

禮記卷第二

曲禮上第一

從于先生，不越路而與人言。遭先生于道，趨而進，正立拱手。先生與之言則對，不與之言則趨而退。從長者而上丘陵，則必鄉長者所視。

登城不指，城上不呼。將適舍，求毋固。將上堂，聲必揚。户外有二屨，言聞則入，言不聞則不入。將入户，視必下。入户奉扃，視瞻毋回。户開亦開，户闔亦闔。有後入者，闔而勿遂。毋踐屨，毋踖席，摳衣趨隅。必慎唯諾。

大夫士出入君門，由闑右。不踐閾。

凡與客入者，每門讓于客。客至于寢門，則主人請入爲席，然後出迎客。客固辭，主人肅客而入。主人入門而右，客入門而左。主人就東階，客就西階，客若降等，則就主人之階。主人固辭，然後客復就西階。主人與客讓登，主人先登，客從之，拾級聚足，連步以上。上于東階，則先右足。上于西階，則先左足。

帷薄之外不趨，堂上不趨，執玉不趨。堂上接武，堂下布武。室中不翔。並坐不横肱，授立不跪，授坐不立。

凡爲長者糞之禮，必加帚于箕上，以袂拘而退，其塵不及長者，以箕自鄉而扱之。奉席如橋衡，請席何鄉，請衽何趾。席南鄉北鄉，以西方爲上；東鄉西鄉，以南方爲上。

若非飲食之客，則布席，席間函丈。主人跪正席，客跪撫席而辭。客徹重席，主人固辭。客踐席，乃坐。主人不問，客不先舉。將即席，容毋怍。兩手摳衣，去齊尺。衣毋撥，足毋蹶。

先生書策琴瑟在前，坐而遷之，戒勿越。虛坐盡後，食坐盡前。坐必安，執爾顔。長者不及，毋儳言。正爾容，聽必恭，毋勦説，毋雷同。必則古昔，稱先王。侍坐于先生，先生問焉，終則對。請業則起，請益則起。父召無『諾』，先生召無『諾』，『唯』而起。侍坐于所尊敬，毋餘席。見同等不起。燭至起，食至起，上客起。燭不見跋。尊客之前不叱狗。讓食不唾。

侍坐于君子，君子欠伸，撰杖屨，視日蚤莫，侍坐者請出矣。侍坐于君子，君子問更端，則起而對。侍坐于君子，若有告者曰：『少間，願有復也。』則左右屏而待。

毋側聽，毋嗷應，毋淫視，毋怠荒。游毋倨，立毋跛，坐毋箕，寢毋伏。斂髮毋髢，冠毋免，勞毋袒，暑毋褰裳。

侍坐于長者，屨不上于堂，解屨不敢當階。就屨，跪而舉之，屏于側。鄉長者而屨，跪而遷屨，俯而納屨。

離坐離立，毋往參焉。離立者不出中間。男女不雜坐，不同椸枷，不同巾櫛，不親授。嫂叔不通問，諸母不漱裳。外言不入于梱，内言不出于梱。女子許嫁，纓，非有大故，不入其門。姑、姊、妹、女子子已嫁而反，兄弟弗與同席而坐，弗與同器而食。父子不同席。男女非有行媒，不相知名。非受幣，不交不親。故日月以告君，齊戒以告鬼神，爲酒食以召鄉黨僚友，以厚其別也。取妻不取同姓，故買妾不知其姓則卜之。寡婦之子，非有見焉，弗與爲友。

賀取妻者，曰：『某子使某，聞子有客，使某羞。』

貧者不以貨財爲禮，老者不以筋力爲禮。

名子者不以國，不以日月，不以隱疾，不以山川。

男女異長。男子二十，冠而字。父前子名，君前臣名。女子許嫁，笄而字。

凡進食之禮，左殽右胾，食居人之左，羹居人之右。膾炙處外，醯醬處內，葱渿處末，酒漿處右。以脯脩置者，左朐右末。客若降等，執食興辭。主人興，辭于客，然後客坐。主人延客祭。祭食，祭所先進。殽之序，遍祭之。三飯，主人延客食胾，然後辯殽。主人未辯，客不虛口。

侍食于長者，主人親饋，則拜而食；主人不親饋，則不拜而食。

共食不飽，共飯不澤手。

毋摶飯，毋放飯，毋流歠，毋咤食，毋嚙骨，毋反魚肉，毋投與狗骨，毋固獲，毋揚飯，飯黍毋以箸，毋嚃羹，毋絮羹，毋刺齒，毋歠醢。客絮羹，主人辭不能亨。客歠醢，主人辭以窶。濡肉齒決，乾肉不齒決，毋嘬炙。

卒食，客自前跪，徹飯齊，以授相者。主人興，辭于客，然後客坐。

侍飲于長者，酒進則起，拜受于尊所。長者辭，少者反席而飲。長者舉未釂，少者不敢飲。

長者賜，少者、賤者不敢辭。

賜果于君前，其有核者懷其核。御食于君，君賜餘，器之溉者不寫，其餘皆寫。

餕餘不祭，父不祭子，夫不祭妻。

御同于長者，雖貳不辭。偶坐不辭。

羹之有菜者用梜，其無菜者不用梜。

爲天子削瓜者副之，巾以絺。爲國君者華之，巾以綌。爲大夫累之，士疐之，庶人齕之。

父母有疾，冠者不櫛，行不翔，言不惰，琴瑟不御，食肉不至變味，飲酒不至變貌，笑不至矧，怒不至詈。疾止復故。有憂者側席而坐，有喪者專席而坐。

水潦降，不獻魚鱉。獻鳥者佛其首，畜鳥者則勿佛也。獻車馬者執策綏，獻甲者執胄，獻杖者執末，獻民虜者操右袂，獻粟者執右契，獻米者操量鼓，獻孰食者操醬齊。獻田宅者操書致。凡遺人弓者，張弓尚筋，弛弓尚角，右手執簫，左手承弣。

尊卑垂帨。若主人拜，則客還辟，辟拜。主人自受，由客之左，接下承弣，鄉與客並，然後受。進劍者左首。進戈者前其鐏，後其刃。進矛戟者前其鐓。

進几杖者拂之。效馬效羊者右牽之，效犬者左牽之。執禽者左首。飾羔雁者以繢。受珠玉者以掬。受弓劍者以袂。飲玉爵者弗揮。凡以弓劍、苞苴、簞笥問人者，操以受命，如使之容。

禮記卷第三

曲禮上第一

凡爲君使者，已受命，君言不宿于家。君言至，則主人出拜君言之辱。使者歸，則必拜送于門外。若使人于君所，則必朝服而命之。使者反，則必下堂而受命。

博聞强識而讓，敦善行而不怠，謂之君子。君子不盡人之歡，不竭人之忠，以全交也。

《禮》曰：『君子抱孫不抱子。』此言孫可以爲王父尸，子不可以爲父尸。爲君尸者，大夫士見之則下之。君知所以爲尸者，則自下之，尸必式，乘必以几。齊者不樂不吊。

居喪之禮，毁瘠不形，視聽不衰。升降不由阼階，出入不當門隧。居喪之禮，頭有創則沐，身有瘍則浴，有疾則飲酒食肉，疾止復初。不勝喪，乃比于不慈不孝。五十不致毁，六十不毁，七十唯衰麻在身，飲酒食肉，處于内。

生與來日，死與往日。

知生者吊，知死者傷。知生而不知死，吊而不傷；知死而不知生，傷而不吊。

吊喪弗能賻，不問其所費。問疾弗能遺，不問其所欲。見人弗能館，不問其所舍。賜人者不曰來取。與人者不問其所欲。

適墓不登壟，助葬必執紼。臨喪不笑，揖人必違其位，望柩不歌，入臨不翔。當食不嘆。鄰有喪，舂不相。里有殯，不巷歌。適墓不歌，哭日不歌。送喪不由徑，送葬不辟塗潦。臨喪則必有哀色，執紼不笑，臨樂不嘆，介胄則有不可犯之色。故君子戒慎，不失色于人。國君撫式，大夫下之。大夫撫式，士下之。禮不下庶人，刑不上大夫。刑人不在君側。

兵車不式，武車綏旌，德車結旌。

史載筆，士載言。前有水，則載青旌。前有塵埃，則載鳴鳶。前有車騎，則載飛鴻。前有士師，則載虎皮。前有摯獸，則載貔貅。行，前朱鳥而後玄武，左青龍而右白虎，招摇在上，急繕其怒。進退有度，左右有局，各司其局。

父之讎弗與共戴天，兄弟之讎不反兵，交游之讎不同國。

四郊多壘，此卿大夫之辱也。地廣大，荒而不治，此亦士之辱也。

臨祭不惰。祭服敝則焚之，祭器敝則埋之，龜筴敝則埋之，牲死則埋之。凡祭于公者，必自徹其俎。

卒哭乃諱。禮，不諱嫌名，二名不偏諱。逮事父母，則諱王父母；不逮事父母，則不諱王父母。君所無私諱，大夫之所有公諱。《詩》《書》不諱，臨文不諱。廟中不諱。夫人之諱，雖質君之前，臣不諱也。婦諱不出門。大功、小功不諱。入竟而問禁，入國而問俗，入門而問諱。

外事以剛日，内事以柔日。凡卜筮日，旬之外曰遠某日，旬之内曰近某日。喪事先遠日，吉事先近日。曰：『爲日，假爾泰龜有常，假爾泰筮有常。』卜筮不過三，卜筮不相襲。

龜爲卜，筴爲筮。卜筮者，先聖王之所以使民信時日、敬鬼神、畏法令也，所以使民決嫌疑、定猶與也。故曰：『疑而筮之，則弗非也；日而行事，則必踐之。』

君車將駕，則僕執策立于馬前。已駕，僕展軨。效駕，奮衣由右上，取貳綏。

跪乘，執策分轡，驅之五步而立。君出就車，則僕并轡授綏，左右攘辟。車驅而騶，至于大門，君撫僕之手，而顧命車右就車，門閭、溝渠必步。凡僕人之禮，必授人綏。若僕者降等，則受，不然則否。若僕者降等，則撫僕之手，不然則自下拘之。客車不入大門，婦人不立乘。犬馬不上于堂。

故君子式黄髪，下卿位，入國不馳，入里必式。君命召，雖賤人，大夫士必自御之。介者不拜，爲其拜而蓌拜。祥車曠左。乘君之乘車，不敢曠左，左必式。僕御婦人則進左手，後右手。御國君則進右手，後左手而俯。國君不乘奇車。車上不廣欬，不妄指。立視五巂，式視馬尾，顧不過轂。國中以策彗恤勿驅，塵不出軌。國君下齊牛，式宗廟。大夫士下公門，式路馬。乘路馬，必朝服。載鞭策，不敢授綏，左必式。步路馬，必中道。以足蹙路馬芻有誅，齒路馬有誅。

禮記卷第四

曲禮下第二

凡奉者當心，提者當帶。

執天子之器則上衡，國君則平衡，大夫則綏之，士則提之。

凡執主器，執輕如不克。執主器，操幣、圭璧，則尚左手。行不舉足，車輪曳踵。立則磬折垂佩。主佩倚則臣佩垂，主佩垂則臣佩委。執玉，其有藉者則裼，無藉者則襲。

國君不名卿老世婦，大夫不名世臣侄娣，士不名家相長妾。君大夫之子，不敢自稱曰『余小子』。大夫士之子，不敢自稱曰『嗣子某』。不敢與世子同名。

君使士射，不能，則辭以疾。言曰：『某有負薪之憂。』

侍于君子，不顧望而對，非禮也。

君子行禮，不求變俗。祭祀之禮，居喪之服，哭泣之位，皆如其國之故，謹脩其法而審行之。

去國三世，爵禄有列于朝，出入有詔于國，若兄弟宗族猶存，則反告于宗後。

去國三世，爵禄無列于朝，出入無詔于國，唯興之日，從新國之法。

君子已孤不更名。已孤暴貴，不爲父作謚。

居喪，未葬，讀喪禮。既葬，讀祭禮。喪復常，讀樂章。居喪不言樂，祭事不言凶，公庭不言婦女。

振書、端書于君前，有誅。倒筴、側龜于君前，有誅。

龜筴、几杖、席蓋、重素、袗絺綌，不入公門。苞屨、扱衽、厭冠，不入公門。書方、衰、凶器，不以告，不入公門。公事不私議。

君子將營宫室，宗廟爲先，厩庫爲次，居室爲後。凡家造，祭器爲先，犧賦爲次，養器爲後。無田禄者不設祭器，有田禄者先爲祭服。君子雖貧，不粥祭器；雖寒，不衣祭服。爲宫室，不斬于丘木。

大夫、士去國，祭器不踰竟。大夫寓祭器于大夫，士寓祭器于士。

大夫、士去國，踰竟，爲壇位鄉國而哭。素衣、素裳、素冠、徹緣、鞮屨、素簚，乘髦馬，不蚤鬋，不祭食，不説人以無罪。婦人不當御，三月而復服。

大夫、士見于國君，君若勞之，則還辟，再拜稽首。君若迎拜，則還辟，不敢答拜。

大夫、士相見，雖貴賤不敵，主人敬客，則先拜客，客敬主人，則先拜主人。

凡非吊喪，非見國君，無不答拜者。

大夫見于國君，國君拜其辱。士見于大夫，大夫拜其辱。同國始相見，主人拜其辱。君于士，不答拜也，非其臣則答拜之。大夫于其臣，雖賤，必答拜之。男女相答拜也。

國君春田不圍澤，大夫不掩群，士不取麛卵。

歲凶，年穀不登。君膳不祭肺，馬不食穀，馳道不除，祭事不縣，大夫不食粱，士飲酒不樂。

君無故玉不去身，大夫無故不徹縣，士無故不徹琴瑟。

士有獻于國君，他日，君問之曰：『安取彼？』再拜稽首而後對。

大夫私行，出疆必請，反必有獻。士私行，出疆必請，反必告。君勞之，則拜，問其行，拜而後對。

國君去其國，止之曰：『奈何去社稷也？』大夫，曰：『奈何去宗廟也？』士，曰：『奈何去墳墓也？』國君死社稷，大夫死衆，士死制。

君天下曰天子。朝諸侯、分職、授政、任功，曰予一人。

踐阼，臨祭祀，内事曰孝王某，外事曰嗣王某。臨諸侯，畛于鬼神，曰有天王某甫。崩，曰天王崩。復，曰天子復矣。告喪，曰天王登假。措之廟，立之主曰帝。天子未除喪，曰予小子。生名之，死亦名之。

天子有后，有夫人，有世婦，有嬪，有妻，有妾。

天子建天官，先六大，曰大宰、大宗、大史、大祝、大士、大卜，典司六典。天子之五官，曰司徒、司馬、司空、司士、司寇，典司五衆。天子之六府，曰司土、司木、司水、司草、司器、司貨，典司六職。天子之六工，曰土工、金工、石工、木工、獸工、草工，典制六材。五官致貢曰享。

禮記卷第五

曲禮下第二

五官之長曰伯，是職方。其擯于天子也，曰天子之吏。天子同姓謂之伯父，異姓謂之伯舅。自稱于諸侯曰天子之老，于外曰公，于其國曰君。

九州之長入天子之國曰牧。天子同姓謂之叔父，異姓謂之叔舅，于外曰侯，于其國曰君。其在東夷、北狄、西戎、南蠻，雖大曰子。于内自稱曰不穀，于外自稱曰王老。庶方小侯入天子之國曰某人，于外曰子，自稱曰孤。

天子當依而立，諸侯北面而見天子，曰覲。天子當宁而立，諸公東面，諸侯西面，曰朝。

諸侯未及期相見曰遇，相見于郤地曰會。諸侯使大夫問于諸侯曰聘，約信曰誓，莅牲曰盟。

諸侯見天子，曰臣某侯某。其與民言，自稱曰寡人。其在凶服，曰適子孤。臨祭祀，内事曰孝子某侯某，外事曰曾孫某侯某。死曰薨，復曰某甫復矣。既葬，見天子，曰類見。言謚曰類。諸侯使人使于諸侯，使者自稱曰寡君之老。

天子穆穆，諸侯皇皇，大夫濟濟，士蹌蹌，庶人僬僬。

天子之妃曰后，諸侯曰夫人，大夫曰孺人，士曰婦人，庶人曰妻。公、侯有夫人，有世婦，有妻，有妾。夫人自稱于天子曰老婦，自稱于諸侯曰寡小君，自稱于其君曰小童，自世婦以下，自稱曰婢子。子于父母則自名也。列國之大夫，入天子之國曰某士，自稱曰陪臣某。于外曰子，于其國曰寡君之老。使者自稱曰某。

天子不言出，諸侯不生名，君子不親惡。諸侯失地，名，滅同姓，名。

爲人臣之禮，不顯諫。三諫而不聽，則逃之。

子之事親也，三諫而不聽，則號泣而隨之。

君有疾飲藥，臣先嘗之。親有疾飲藥，子先嘗之。醫不三世，不服其藥。

擬人必于其倫。

問天子之年，對曰：『聞之，始服衣若干尺矣。』問國君之年，長，曰：『能從宗廟社稷之事矣。』幼，曰：『未能從宗廟社稷之事也。』問大夫之子，長，曰：『能御矣。』幼，曰：『未能御也。』問士之子，長，曰：『能典謁矣。』幼，曰：『未能典謁也。』問庶人之子，長，曰：『能負薪矣。』幼，曰：『未能負薪也。』

問國君之富，數地以對，山澤之所出。問大夫之富，曰：『有宰食力，祭器衣服不假。』問士之富，以車數對。問庶人之富，數畜以對。

天子祭天地，祭四方，祭山川，祭五祀，歲遍。諸侯方祀，祭山川，祭五祀，歲遍。大夫祭五祀，歲遍。士祭其先。

凡祭，有其廢之，莫敢舉也，有其舉之，莫敢廢也。非其所祭而祭之，名曰淫祀。淫祀無福。

天子以犧牛，諸侯以肥牛，大夫以索牛，士以羊豕。

支子不祭，祭必告于宗子。

凡祭宗廟之禮，牛曰一元大武，豕曰剛鬣，豚曰腯肥，羊曰柔毛，鷄曰翰音，犬曰羹獻，雉曰疏趾，兔曰明視，脯曰尹祭，槀魚曰商祭，鮮魚曰脡祭。水曰清滌，酒曰清酌。黍曰薌合，粱曰薌萁，稷曰明粢，稻曰嘉蔬，韭曰豐本，鹽曰鹹鹺。玉曰嘉玉，幣曰量幣。

天子死曰崩，諸侯曰薨，大夫曰卒，士曰不祿，庶人曰死。在床曰尸，在棺曰柩。

羽鳥曰降，四足曰漬。死寇曰兵。

祭王父曰皇祖考，王母曰皇祖妣。父曰皇考，母曰皇妣。夫曰皇辟。生曰父、曰母、曰妻，死曰考、曰妣、曰嬪。

壽考曰卒，短折曰不祿。

天子視不上于袷，不下于帶。國君綏視，大夫衡視，士視五步。凡視，上于面則敖，下于帶則憂，傾則奸。

君命，大夫與士肄。在官言官，在府言府，在庫言庫，在朝言朝。朝言不及犬馬。輟朝而顧，不有異事，必有異慮。故輟朝而顧，君子謂之固。在朝言禮，問禮，對以禮。

大饗不問卜，不饒富。

凡摯，天子鬯，諸侯圭，卿羔，大夫雁，士雉，庶人之摯匹。童子委摯而退。野外軍中無摯，以纓、拾、矢可也。婦人之摯，椇、榛、脯、脩、棗、栗。

納女，于天子曰備百姓，于國君曰備酒漿，于大夫曰備埽灑。

禮記卷第六

檀弓上第三

公儀仲子之喪，檀弓免焉。仲子捨其孫而立其子。檀弓曰：『何居？我未之前聞也。』趨而就子服伯子于門右，曰：『仲子捨其孫而立其子，何也？』伯子曰：『仲子亦猶行古之道也。昔者文王捨伯邑考而立武王，微子捨其孫腯而立衍也。夫仲子亦猶行古之道也。』子游問諸孔子，孔子曰：『否。立孫。』

事親有隱而無犯，左右就養無方，服勤至死，致喪三年。事君有犯而無隱，左右就養有方，服勤至死，方喪三年。事師無犯無隱，左右就養無方，服勤至死，心喪三年。

季武子成寢，杜氏之葬在西階之下，請合葬焉，許之。入宮而不敢哭。武子曰：『合葬，非古也。自周公以來，未之有改也。吾許其大而不許其細，何居？』命之哭。

子上之母死而不喪，門人問諸子思曰：『昔者子之先君子喪出母乎？』曰：『然。』『子之不使白也喪之，何也？』子思曰：『昔者吾先君子無所失道，道隆則從而隆，道污則從而污。伋則安能？爲伋也妻者，是爲白也母；不爲伋也妻者，是不爲白也母。』故孔氏之不喪出母，自子思始也。

孔子曰：『拜而後稽顙，頹乎其順也；稽顙而後拜，頎乎其至也。三年之喪，吾從其至者。』

孔子既得合葬于防，曰：『吾聞之，古也墓而不墳。今丘也，東西南北之人也，不可以弗識也。』于是封之，崇四尺。孔子先反，門人後。雨甚，至，孔子問焉，曰：『爾來何遲也？』曰：『防墓崩。』孔子不應。三，孔子泫然流涕曰：『吾聞之，古不脩墓。』

孔子哭子路于中庭。有人吊者，而夫子拜之。既哭，進使者而問故。使者曰：『醢之矣。』遂命覆醢。

曾子曰：『朋友之墓，有宿草而不哭焉。』

子思曰：『喪三日而殯，凡附于身者，必誠必信，勿之有悔焉耳矣。三月而葬，凡附于棺者，必誠必信，勿之有悔焉耳矣。喪三年以爲極，亡則弗之忘矣。故君子有終身之憂，而無一朝之患。故忌日不樂。』

孔子少孤，不知其墓。殯于五父之衢，人之見之者，皆以爲葬也。其愼也，蓋殯也。問于郰曼父之母，然後得合葬于防。鄰有喪，舂不相；里有殯，不巷歌。喪冠不緌。

有虞氏瓦棺，夏后氏堲周，殷人棺椁，周人墻置翣。周人以殷人之棺椁葬長殤，以夏后氏之堲周葬中殤、下殤，以有虞氏之瓦棺葬無服之殤。

夏后氏尚黑，大事斂用昏，戎事乘驪，牡用玄。殷人尚白，大事斂用日中，戎事乘翰，牲用白。周人尚赤，大事斂用日出，戎事乘騵，牲用騂。

穆公之母卒，使人問于曾子曰：『如之何？』對曰：『申也聞諸申之父曰：「哭泣之哀、齊斬之情、饘粥之食，自天子達。布幕，衛也。縿幕，魯也。」』

晉獻公將殺其世子申生，公子重耳謂之曰：『子蓋言子之志于公乎？』世子曰：『不可，君安驪姬，是我傷公之心也。』曰：『然則蓋行乎？』世子曰：『不可，君謂我欲弑君也，天下豈有無父之國哉！吾何行如之？』使人辭于狐突曰：『申生有罪，不念伯氏之言也，以至于死。申生不敢愛其死。雖然，吾君老矣，子少，國家多難。伯氏不出而圖吾君，伯氏苟出而圖吾君，申生受賜而死。』再拜稽首，乃卒。是以爲恭世子也。

魯人有朝祥而莫歌者，子路笑之。夫子曰：『由，爾責于人，終無已夫！三年之喪，亦已久矣夫。』子路出，夫子曰：『又多乎哉！逾月則其善也。』

魯莊公及宋人戰于乘丘，縣賁父御，卜國爲右。馬驚，敗績，公隊，佐車授綏。公曰：『末之，卜也。』縣賁父曰：『他日不敗績，而今敗績，是無勇也。』遂死之。圉人浴馬，有流矢在白肉。公曰：『非其罪也。』遂誄之。士之有誄，自此始也。

曾子寢疾，病。樂正子春坐于床下，曾元、曾申坐于足，童子隅坐而執燭。童子曰：『華而睆，大夫之簀與？』子春曰：『止！』曾子聞之，瞿然曰：『呼！』曰：『華而睆，大夫之簀與？』曾子曰：『然，斯季孫之賜也，我未之能易也。元，起易簀。』曾元曰：『夫子之病革矣，不可以變，幸而至于旦，請敬易之。』曾子曰：『爾之愛我也不如彼。君子之愛人也以德，細人之愛人也以姑息。吾何求哉？吾得正而斃焉，斯已矣。』舉扶而易之，反席未安而沒。

始死，充充如有窮。既殯，瞿瞿如有求而弗得。既葬，皇皇如有望而弗至。練而慨然，祥而廓然。

邾婁復之以矢，蓋自戰于升陘始也。魯婦人之髽而吊也，自敗于臺鮐始也。

南宮縚之妻之姑之喪，夫子誨之髽，曰：『爾毋從從爾，爾毋扈扈爾。蓋榛以爲笄，長尺，而總八寸。』

孟獻子禫，縣而不樂，比御而不入。夫子曰：『獻子加于人一等矣。』

孔子既祥，五日彈琴而不成聲，十日而成笙歌。

有子蓋既祥而絲屨、組纓。

死而不吊者三：畏、厭、溺。

子路有姊之喪，可以除之矣，而弗除也。孔子曰：『何弗除也？』子路曰：『吾寡兄弟而弗忍也。』孔子曰：『先王制禮，行道之人，皆弗忍也。』子路聞之，遂除之。

禮記卷第七

檀弓上第三

大公封于營丘，比及五世，皆反葬于周。君子曰：『樂，樂其所自生。禮，不忘其本。古之人有言曰「狐死正丘首」，仁也。』

伯魚之母死，期而猶哭。夫子聞之曰：『誰與哭者？』門人曰：『鯉也。』夫子曰：『嘻！其甚也。』伯魚聞之，遂除之。

舜葬于蒼梧之野，蓋三妃未之從也。季武子曰：『周公蓋祔。』

曾子之喪，浴于爨室。

大功廢業。或曰：『大功，誦可也。』

子張病，召申祥而語之曰：『君子曰終，小人曰死。吾今日其庶幾乎？』

曾子曰：『始死之奠，其餘閣也與。』曾子曰：『小功不爲位也者，是委巷之禮也。子思之哭嫂也爲位，婦人倡踊，申祥之哭言思也亦然。』

古者冠縮縫，今也衡縫。故喪冠之反吉，非古也。

曾子謂子思曰：『伋，吾執親之喪也，水漿不入于口者七日。』子思曰：『先王之制禮也，過之者俯而就之，不至焉者跂而及之。故君子之執親之喪也，水漿不入于口者三日，杖而後能起。』曾子曰：『小功不税，則是遠兄弟終無服也，而可乎？』

伯高之喪，孔氏之使者未至，冉子攝束帛乘馬而將之。孔子曰：『異哉！徒使我不誠于伯高。』

伯高死于衛，赴于孔子，孔子曰：『吾惡乎哭諸？兄弟，吾哭諸廟。父之友，吾哭諸廟門之外。師，吾哭諸寢。朋友，吾哭諸寢門之外。所知，吾哭諸野。于野則已疏，于寢則已重。夫由賜也見我，吾哭諸賜氏。』遂命子貢爲之主，曰：『爲爾哭也來者，拜之。知伯高而來者，勿拜也。』

曾子曰：『喪有疾，食肉飲酒，必有草木之滋焉。以爲薑桂之謂也。』

子夏喪其子而喪其明。曾子吊之，曰：『吾聞之也，朋友喪明則哭之。』曾子哭，子夏亦哭，曰：『天乎，予之無罪也！』曾子怒曰：『商！女何無罪也？吾與女事夫子于洙、泗之間，退而老于西河之上，使西河之民疑女于夫子，爾罪一也。喪爾親，使民未有聞焉，爾罪二也。喪爾子，喪爾明，爾罪三也。而曰女何無罪與！』子夏投其杖而拜曰：『吾過矣！吾過矣！吾離群而索居，亦已久矣。』

夫晝居于内，問其疾可也。夜居于外，吊之可也。是故君子非有大故，不宿于外；非致齊也，非疾也，不晝夜居于内。

高子皋之執親之喪也，泣血三年，未嘗見齒，君子以爲難。

衰，與其不當物也，寧無衰。齊衰不以邊坐，大功不以服勤。

孔子之衛，遇舊館人之喪，入而哭之哀。出，使子貢説驂而賻之。子貢曰：『于門人之喪，未有所説驂，説驂于舊館，無乃已重乎？』夫子曰：『予鄉者入而哭之，遇于一哀而出涕。予惡夫涕之無從也。小子行之！』

孔子在衛，有送葬者，而夫子觀之，曰：『善哉爲喪乎！足以爲法矣，小子識之。』子貢曰：『夫子何善爾也？』曰：『其往也如慕，其反也如疑。』子貢曰：『豈若速反而虞乎？』子曰：『小子識之，我未之能行也。』

顔淵之喪，饋祥肉，孔子出受之。入，彈琴而後食之。

孔子與門人立，拱而尚右，二三子亦皆尚右。孔子曰：『二三子之嗜學也，我則有姊之喪故也。』二三子皆尚左。

孔子蚤作，負手曳杖，消摇于門，歌曰：『泰山其頽乎？梁木其壞乎？哲人其萎乎？』既歌而入，當户而坐。子貢聞之曰：『泰山其頽，則吾將安仰？梁木其壞，哲人其萎，則吾將安放？夫子殆將病也。』遂趨而入。夫子曰：『賜，爾來何遲也？夏后氏殯于東階之上，則猶在阼也。殷人殯于兩楹之間，則與賓主夾之也。周人殯于西階之上，則猶賓之也。而丘也，殷人也。予疇昔之夜，夢坐奠于兩楹之間。夫明王不興，而天下其孰能宗予？予殆將死也。』蓋寢疾七日而没。

孔子之喪，門人疑所服。子貢曰：『昔者夫子之喪顔淵，若喪子而無服，喪子路亦然。請喪夫子若喪父而無服。』

孔子之喪，公西赤爲志焉。飾棺牆，置翣設披，周也。設崇，殷也。綢練設旐，夏也。

子張之喪，公明儀爲志焉。褚幕丹質，蟻結于四隅，殷士也。

子夏問于孔子曰：『居父母之仇，如之何？』夫子曰：『寢苫枕干，不仕，弗與共天下也。遇諸市朝，不反兵而鬥。』曰：『請問居昆弟之仇，如之何？』曰：『仕弗與共國，銜君命而使，雖遇之，不鬥。』曰：『請問居從父昆弟之仇，如之何？』曰：『不爲魁。主人能，則執兵而陪其後。』

孔子之喪，二三子皆經而出。群居則經，出則否。

易墓，非古也。

子路曰：『吾聞諸夫子：「喪禮，與其哀不足而禮有餘也，不若禮不足而哀有餘也。祭禮，與其敬不足而禮有餘也，不若禮不足而敬有餘也。」』

曾子吊于負夏，主人既祖，填池，推柩而反之，降婦人而後行禮。從者曰：『禮與？』曾子曰：『夫祖者且也，且胡爲其不可以反宿也？』從者又問諸子游曰：『禮與？』子游曰：『飯于牖下，小斂于户内，大斂于阼，殯于客位，祖于庭，葬于墓，所以即遠也。故喪事有進而無退。』曾子聞之曰：『多矣乎，予出祖者。』

曾子襲裘而吊，子游裼裘而吊。曾子指子游而示人曰：『夫夫也，爲習于禮者，如之何其裼裘而吊也？』主人既小斂，袒、括髮，子游趨而出，襲裘帶絰而入。曾子曰：『我過矣，我過矣，夫夫是也。』

子夏既除喪而見，予之琴，和之而不和，彈之而不成聲。作而曰：『哀未忘也，先王制禮，而弗敢過也。』子張既除喪而見，予之琴，和之而和，彈之而成聲。作而曰：『先王制禮，不敢不至焉。』

司寇惠子之喪，子游爲之麻衰、牡麻絰。文子辭曰：『子辱與彌牟之弟游，又辱爲之服，敢辭。』子游曰：『禮也。』文子退反哭，子游趨而就諸臣之位，文子又辭曰：『子辱與彌牟之弟游，又辱爲之服，又辱臨其喪，敢辭。』子游曰：『固以請。』文子退，扶適子南面而立，曰：『子辱與彌牟之弟游，又辱爲之服，又辱臨其喪，虎也敢不復位？』子游趨而就客位。

將軍文子之喪，既除喪，而後越人來吊，主人深衣練冠，待于廟，垂涕洟。子游觀之曰：『將軍文氏之子，其庶幾乎！亡于禮者之禮也。其動也中。』

幼名，冠字，五十以伯仲，死謚，周道也。絰也者，實也。掘中霤而浴，毁竈以綴足，及葬，毁宗躐行，出于大門，殷道也。學者行之。

禮記卷第八

檀弓上第三

子柳之母死，子碩請具。子柳曰：『何以哉？』子碩曰：『請粥庶弟之母。』子柳曰：『如之何其粥人之母以葬其母也？不可。』既葬，子碩欲以賻布之餘具祭器。子柳曰：『不可，吾聞之也，君子不家于喪。請班諸兄弟之貧者。』

君子曰：『謀人之軍師，敗則死之；謀人之邦邑，危則亡之。』

公叔文子升于瑕丘，蘧伯玉從。文子曰：『樂哉，斯丘也！死則我欲葬焉。』蘧伯玉曰：『吾子樂之，則瑗請前。』

弁人有其母死而孺子泣者，孔子曰：『哀則哀矣，而難爲繼也。夫禮，爲可傳也，爲可繼也，故哭踴有節。』

叔孫武叔之母死，既小斂，舉者出户，出户袒，且投其冠，括髮。子游曰：『知禮。』

扶君，卜人師扶右，射人師扶左。君薨，以是舉。

從母之夫，舅之妻，二夫人相爲服，君子未之言也。或曰，同爨緦。

喪事欲其縱縱爾，吉事欲其折折爾。故喪事雖遽不陵節，吉事雖止不怠。故騷騷爾則野，鼎鼎爾則小人，君子蓋猶猶爾。

喪具，君子耻具，一日二日而可爲也者，君子弗爲也。喪服，兄弟之子猶子也，蓋引而進之也。嫂叔之無服也，蓋推而遠之也。姑姊妹之薄也，蓋有受我而厚之者也。

食于有喪者之側，未嘗飽也。

曾子與客立于門側，其徒趨而出。曾子曰：『爾將何之？』曰：『吾父死，將出哭于巷。』曰：『反，哭于爾次。』曾子北面而吊焉。

孔子曰：『之死而致死之，不仁而不可爲也。之死而致生之，不知而不可爲也。是故竹不成用，瓦不成味，木不成斲，琴瑟張而不平，竽笙備而不和，有鐘磬而無簨虡。其曰明器，神明之也。』

有子問于曾子曰：『問喪于夫子乎？』曰：『聞之矣，喪欲速貧，死欲速朽。』

有子曰：『是非君子之言也。』曾子曰：『參也聞諸夫子也。』有子又曰：『是非君子之言也。』曾子曰：『參也與子游聞之。』有子曰：『然，然則夫子有爲言之也。』曾子以斯言告于子游。子游曰：『甚哉，有子之言似夫子也。昔者夫子居于宋，見桓司馬自爲石椁，三年而不成。夫子曰：「若是其靡也，死不如速朽之愈也。」死之欲速朽，爲桓司馬言之也。南宮敬叔反，必載寶而朝。夫子曰：「若是其貨也，喪不如速貧之愈也。」喪之欲速貧，爲敬叔言之也。』曾子以子游之言告于有子，有子曰：『然，吾固曰非夫子之言也。』曾子曰：『子何以知之？』有子曰：『夫子制于中都，四寸之棺，五寸之椁，以斯知不欲速朽也。昔者夫子失魯司寇，將之荆，蓋先之以子夏，又申之以冉有，以斯知不欲速貧也。』

陳莊子死，赴于魯，魯人欲勿哭，繆公召縣子而問焉。縣子曰：『古之大夫，束脩之問不出竟，雖欲哭之，安得而哭之？今之大夫，交政于中國，雖欲勿哭，焉得而弗哭？且臣聞之，哭有二道，有愛而哭之，有畏而哭之。』公曰：『然，然則如之何而可？』縣子曰：『請哭諸異姓之廟。』于是與哭諸縣氏。

仲憲言于曾子曰：『夏后氏用明器，示民無知也；殷人用祭器，示民有知也；周人兼用之，示民疑也。』曾子曰：『其不然乎！其不然乎！夫明器，鬼器也；祭器，人器也。夫古之人，胡爲而死其親乎？』

公叔木有同母異父之昆弟死，問于子游。子游曰：『其大功乎？』狄儀有同母異父之昆弟死，問于子夏，子夏曰：『我未之前聞也。魯人則爲之齊衰。』狄儀行齊衰。今之齊衰，狄儀之問也。

子思之母死于衛，柳若謂子思曰：『子，聖人之後也，四方于子乎觀禮，子蓋慎諸。』子思曰：『吾何慎哉？吾聞之：「有其禮，無其財，君子弗行也；有其禮，有其財，無其時，君子弗行也。」吾何慎哉！』

縣子瑣曰：『吾聞之，古者不降，上下各以其親。滕伯文爲孟虎齊衰，其叔父也。爲孟皮齊衰，其叔父也。』

後木曰：『喪，吾聞諸縣子曰：「夫喪，不可不深長思也。買棺外内易。」我死則亦然。』

曾子曰：『尸未設飾，故帷堂，小斂而徹帷。』仲梁子曰：『夫婦方亂，故帷堂，小斂而徹帷。』小斂之奠，子游曰：『于東方。』曾子曰：『于西方，斂斯席矣。』小斂之奠在西方，魯禮之末失也。

縣子曰：『綌衰、繐裳，非古也。』

子蒲卒，哭者呼滅。子臯曰：『若是野哉！』哭者改之。

杜橋之母之喪，宫中無相，以爲沽也。

夫子曰：『始死，羔裘、玄冠者，易之而已。』羔裘、玄冠，夫子不以吊。

子游問喪具。夫子曰：『稱家之有亡。』子游曰：『有亡惡乎齊？』夫子曰：『有，毋過禮。苟亡矣，斂首足形，還葬，縣棺而封，人豈有非之者哉？』

司士賁告于子游曰：『請襲于床。』子游曰：『諾。』縣子聞之曰：『汰哉叔氏！專以禮許人。』

宋襄公葬其夫人，醯醢百瓮。曾子曰：『既曰明器矣，而又實之。』

孟獻子之喪，司徒旅歸四布。夫子曰：『可也。』讀賵，曾子曰：『非古也，是再告也。』

成子高寢疾，慶遺入，請曰：『子之病革矣，如至乎大病，則如之何？』子高曰：『吾聞之也，生有益于人，死不害于人。吾縱生無益于人，吾可以死害于人乎哉！我死，則擇不食之地而葬我焉。』

子夏問諸夫子曰：『居君之母與妻之喪。』『居處、言語、飲食衎爾。』賓客至，無所館，夫子曰：『生于我乎館，死于我乎殯。』

國子高曰：『葬也者，藏也。藏也者，欲人之弗得見也。是故衣足以飾身，棺周于衣，椁周于棺，土周于椁。反壤樹之哉！』

孔子之喪，有自燕來觀者，舍于子夏氏。子夏曰：『聖人之葬人，與人之葬聖人也，子何觀焉？昔者夫子言之曰：「吾見封之若堂者矣，見若坊者矣，見若覆夏屋者矣，見若斧者矣。從若斧者焉，馬鬣封之謂也。」今一日而三斬板，而已封，尚行夫子之志乎哉！』

婦人不葛帶。

有薦新，如朔奠。

既葬，各以其服除。

池視重霤。

君即位而爲椑，歲壹漆之，藏焉。

復、楔齒、綴足、飯、設飾、帷堂並作。父兄命赴者。

君復于小寢、大寢、小祖、大祖、庫門、四郊。

喪不剥，奠也與？祭肉也與？

既殯旬，而布材與明器。

朝奠日出，夕奠逮日。

父母之喪，哭無時，使必知其反也。

練，練衣黄裏、縓緣。葛要絰，繩屨無絇，角瑱。鹿裘衡長袪。袪，裼之可也。

有殯，聞遠兄弟之喪，雖緦必往；非兄弟，雖鄰不往。所識，其兄弟不同居者皆吊。

天子之棺四重，水、兕革棺被之，其厚三寸，杝棺一，梓棺二，四者皆周。棺束縮二衡三，衽每束一。柏椁以端長六尺。

天子之哭諸侯也，爵弁經紂衣。或曰，使有司哭之。爲之不以樂食。

天子之殯也，菆塗龍輴以椁，加斧于椁上，畢塗屋，天子之禮也。

唯天子之喪，有別姓而哭。

魯哀公誄孔丘曰：『天不遺耆老，莫相予位焉。嗚呼哀哉！尼父！』國亡大縣邑，公、卿、大夫、士皆厭冠，哭于大廟三日，君不舉。或曰，君舉而哭于后土。

孔子惡野哭者。

未仕者不敢税人，如税人，則以父兄之命。

士備入而後朝夕踊。

祥而縞，是月禫，徙月樂。

君于士有賜帟。

禮記卷第九

檀弓下第四

君之適長殤，車三乘。公之庶長殤，車一乘。大夫之適長殤，車一乘。

公之喪，諸達官之長杖。

君于大夫，將葬，吊于宮，及出，命引之，三步則止。如是者三，君退。朝亦如之，哀次亦如之。

五十無車者，不越疆而吊人。

季武子寢疾，蟜固不説齊衰而入見，曰：『斯道也將亡矣，士唯公門説齊衰。』武子曰：『不亦善乎！君子表微。』及其喪也，曾點倚其門而歌。

大夫吊，當事而至，則辭焉。吊于人，是日不樂。婦人不越疆而吊人。行吊之日，不飲酒食肉焉。吊于葬者，必執引，若從柩及壙，皆執紼。喪，公吊之，必有拜者，雖朋友、州里、舍人可也。吊曰：『寡君承事。』主人曰：『臨。』君遇柩于路，必使人吊之。大夫之喪，庶子不受吊。

妻之昆弟爲父後者死，哭之適室。子爲主，袒、免、哭、踴。夫入門右，使人立于門外，告來者，狎則入哭。父在，哭于妻之室。非爲父後者，哭諸異室。有殯，聞遠兄弟之喪，哭于側室。無側室，哭于門内之右。同國則往哭之。

子張死，曾子有母之喪，齊衰而往哭之。或曰：『齊衰不以弔。』曾子曰：『我弔也與哉？』

有若之喪，悼公弔焉，子游擯，由左。

齊穀王姬之喪，魯莊公爲之大功。或曰：『由魯嫁，故爲之服姊妹之服。』或曰：『外祖母也，故爲之服。』

晉獻公之喪，秦穆公使人弔公子重耳，且曰：『寡人聞之，亡國恒于斯，得國恒于斯。雖吾子儼然在憂服之中，喪亦不可久也，時亦不可失也。孺子其圖之。』以告舅犯，舅犯曰：『孺子其辭焉！喪人無寶，仁親以爲寶。父死之謂何？又因以爲利，而天下其孰能説之？孺子其辭焉。』公子重耳對客曰：『君惠弔亡臣重耳，身喪父死，不得與于哭泣之哀，以爲君憂。父死之謂何？或敢有他志以辱君義。』稽顙而不拜，哭而起，起而不私。子顯以致命于穆公。穆公曰：『仁夫公子重耳！夫稽顙而不拜，則未爲後也，故不成拜。哭而起，則愛父也。起而不私，則遠利也。』

帷殯，非古也，自敬姜之哭穆伯始也。

喪禮，哀戚之至也。節哀，順變也。君子念始之者也。

復，盡愛之道也，有禱祠之心焉。望反諸幽，求諸鬼神之道也。北面，求諸幽之義也。

拜、稽顙，哀戚之至隱也。稽顙，隱之甚也。

飯用米、貝，弗忍虛也。不以食道，用美焉爾。

銘，明旌也，以死者爲不可別已，故以其旗識之。愛之，斯録之矣。敬之，斯盡其道焉耳。重，主道也，殷主綴重焉，周主重徹焉。

奠以素器，以生者有哀素之心也。唯祭祀之禮，主人自盡焉爾，豈知神之所饗？亦以主人有齊敬之心也。

辟踴，哀之至也。有筭，爲之節文也。

袒、括髮，變也。愠，哀之變也。去飾，去美也。袒、括髮，去飾之甚也。有所袒，有所襲，哀之節也。

弁絰葛而葬，與神交之道也，有敬心焉。

周人弁而葬，殷人冔而葬。歠主人、主婦、室老，爲其病也，君命食之也。

反哭升堂，反諸其所作也。主婦入于室，反諸其所養也。反哭之吊也，哀之至也。反而亡焉，失之矣，于是爲甚。殷既封而吊，周反哭而吊。孔子曰：『殷已慤，吾從周。』

葬于北方，北首，三代之達禮也，之幽之故也。

既封，主人贈，而祝宿虞尸。

既反哭，主人與有司視虞牲，有司以几筵舍奠于墓左，反，日中而虞。

葬日虞，弗忍一日離也。是日也，以虞易奠。卒哭曰成事。

是日也，以吉祭易喪祭，明日，祔于祖父。其變而之吉祭也。比至于祔，必于是日也接，不忍一日末有所歸也。

殷練而祔，周卒哭而祔，孔子善殷。

君臨臣喪，以巫祝桃茢執戈，惡之也。所以異于生也。

喪有死之道焉，先王之所難言也。

喪之朝也，順死者之孝心也。其哀離其室也，故至于祖考之廟而後行。殷朝而殯于祖，周朝而遂葬。

孔子謂爲明器者，知喪道矣，備物而不可用也。哀哉！死者而用生者之器也，不殆于用殉乎哉！其曰明器，神明之也。塗車、芻靈，自古有之，明器之道也。孔子謂爲芻靈者善，謂爲俑者不仁，不殆于用人乎哉！

穆公問于子思曰：『爲舊君反服，古與？』子思曰：『古之君子，進人以禮，退人以禮，故有舊君反服之禮也。今之君子進人若將加諸膝，退人若將隊諸淵，毋爲戎首，不亦善乎？又何反服之禮之有？』

悼公之喪，季昭子問于孟敬子曰：『爲君何食？』敬子曰：『食粥，天下之達禮也。吾三臣者之不能居公室也，四方莫不聞矣。勉而爲瘠，則吾能，毋乃使人疑夫不以情居瘠者乎哉？我則食食。』

衛司徒敬子死，子夏吊焉，主人未小斂，絰而往。子游吊焉，主人既小斂，子游出絰，反哭。子夏曰：『聞之也與？』曰：『聞諸夫子，主人未改服，則不絰。』

曾子曰：『晏子可謂知禮也已，恭敬之有焉。』有若曰：『晏子一狐裘三十年，遣車一乘，及墓而反。國君七个，遣車七乘，大夫五个，遣車五乘。晏子焉知禮？』曾子曰：『國無道，君子耻盈禮焉。國奢則示之以儉，國儉則示之以禮。』

國昭子之母死，問于子張曰：『葬及墓，男子、婦人安位？』子張曰：『司徒敬子之喪，夫子相，男子西鄉，婦人東鄉。』曰：『噫！毋。』曰：『我喪也斯沾。爾專之，賓爲賓焉，主爲主焉。婦人從男子皆西鄉。』

穆伯之喪，敬姜晝哭。文伯之喪，晝夜哭。孔子曰：『知禮矣。』文伯之喪，敬姜據其床而不哭，曰：『昔者吾有斯子也，吾以將爲賢人也，吾未嘗以就公室。今及其死也，朋友諸臣未有出涕者，而内人皆行哭失聲。斯子也，必多曠于禮矣夫。』

季康子之母死，陳褻衣。敬姜曰：『婦人不飾，不敢見舅姑。將有四方之賓來，褻衣何爲陳于斯？』命徹之。

有子與子游立，見孺子慕者，有子謂子游曰：『予壹不知夫喪之踴也，予欲去之久矣。情在于斯，其是夫也。』子游曰：『禮有微情者，有以故興物者，有直情而徑行者，戎狄之道也。禮道則不然，人喜則斯陶，陶斯咏，咏斯猶，猶斯舞，舞斯慍，慍斯戚，戚斯嘆，嘆斯辟，辟斯踴矣。品節斯，斯之謂禮。人死，斯惡之矣。無能也，斯倍之矣。是故制絞衾、設蔞翣，爲使人勿惡也。始死，脯醢之奠。將行，遣而行之。既葬而食之，未有見其饗之者也。自上世以來，未之有舍也，爲使人勿倍也。故子之所刺于禮者，亦非禮之訾也。』

吴侵陳，斬祀殺厲，師還出竟，陳大宰嚭使于師。夫差謂行人儀曰：『是夫也多言，盍嘗問焉？師必有名，人之稱斯師也者，則謂之何？』大宰嚭曰：『古之侵伐者，不斬祀，不殺厲，不獲二毛。今斯師也，殺厲與？其不謂之殺厲之師與？』曰：『反爾地，歸爾子，則謂之何？』曰：『君王討敝邑之罪，又矜而赦之，師與有無名乎？』

顏丁善居喪，始死，皇皇焉如有求而弗得。及殯，望望焉如有從而弗及。既葬，慨焉如不及其反而息。

子張問曰：『《書》云：「高宗三年不言，言乃歡。」有諸？』仲尼曰：『胡爲其不然也？古者天子崩，王世子聽于冢宰三年。』

知悼子卒，未葬。平公飲酒，師曠、李調侍，鼓鐘。杜蕢自外來，聞鐘聲，曰：『安在？』曰：『在寢。』杜蕢入寢，歷階而升，酌，曰：『曠飲斯。』又酌，曰：『調飲斯。』又酌，堂上北面坐飲之。降，趨而出。平公呼而進之曰：『蕢，曩者爾心或開予，是以不與爾言。爾飲曠何也？』曰：『子卯不樂，知悼子在堂，斯其爲子卯也大矣。曠也大師也，不以詔，是以飲之也。』『爾飲調何也？』曰：『調也，君之褻臣也，爲一飲一食，亡君之疾，是以飲之也。』『爾飲何也？』曰：『蕢也，宰夫也，非刀匕是共，又敢與知防，是以飲之也。』平公曰：『寡人亦有過焉，酌而飲寡人。』杜蕢洗而揚觶。公謂侍者曰：『如我死，則必無廢斯爵也。』至于今，既畢獻，斯揚觶，謂之杜舉。

禮記卷第十

檀弓下第四

公叔文子卒，其子戌請謚于君，曰：『日月有時，將葬矣。請所以易其名者。』君曰：『昔者衞國凶饑，夫子爲粥與國之餓者，是不亦惠乎？昔者衞國有難，夫子以其死衞寡人，不亦貞乎？夫子聽衞國之政，脩其班制，以與四鄰交，衞國之社稷不辱，不亦文乎？故謂夫子「貞惠文子」。』

石駘仲卒，無適子，有庶子六人，卜所以爲後者。曰：『沐浴佩玉則兆。』五人者皆沐浴佩玉。石祁子曰：『孰有執親之喪而沐浴佩玉者乎？』不沐浴佩玉。石祁子兆。衞人以龜爲有知也。

陳子車死于衞，其妻與其家大夫謀以殉葬，定而後陳子亢至，以告曰：『夫子疾，莫養于下，請以殉葬。』子亢曰：『以殉葬，非禮也。雖然，則彼疾當養者，孰若妻與宰？得已，則吾欲已。不得已，則吾欲以二子者之爲之也。』于是弗果用。

子路曰：『傷哉貧也！生無以爲養，死無以爲禮也。』孔子曰：『啜菽飲水，盡其歡，斯之謂孝。斂首足形，還葬而無椁，稱其財，斯之謂禮。」

衛獻公出奔，反于衛，及郊，將班邑于從者而後入。柳莊曰：「如皆守社稷，則孰執羈靮而從？如皆從，則孰守社稷？君反其國而有私也，毋乃不可乎！」弗果班。

衛有大史曰柳莊，寢疾。公曰：「若疾革，雖當祭必告。」公再拜稽首，請于尸曰：「有臣柳莊也者，非寡人之臣，社稷之臣也。聞之死，請往。」不釋服而往，遂以襚之。與之邑裘氏與縣潘氏，書而納諸棺，曰：「世世萬子孫無變也。」

陳乾昔寢疾，屬其兄弟而命其子尊己，曰：「如我死，則必大爲我棺，使吾二婢子夾我。」陳乾昔死，其子曰：「以殉葬，非禮也，况又同棺乎？」弗果殺。

仲遂卒于垂，壬午猶繹，《萬》入去《籥》。仲尼曰：「非禮也，卿卒不繹。」

季康子之母死，公輸若方小。斂，般請以機封，將從之，公肩假曰：「不可。夫魯有初，公室視豐碑，三家視桓楹。般，爾以人之母嘗巧，則豈不得以？其母以嘗巧者乎？則病者乎？噫！」弗果從。

戰于郎，公叔禺人遇負杖入保者息，曰：「使之雖病也，任之雖重也，君子不能爲謀也，士弗能死也。不可。我則既言矣。』與其鄰童汪踦往，皆死焉。魯人欲勿殤童汪踦，問于仲尼，仲尼曰：『能執干戈以衛社稷，雖欲勿殤也，不亦可乎？』

子路去魯，謂顔淵曰：『何以贈我？』曰：『吾聞之也，去國，則哭于墓而後行。反其國，不哭，展墓而入。』謂子路曰：『何以處我？』子路曰：『吾聞之也，過墓則式，過祀則下。』

工尹商陽與陳弃疾追吴師，及之。陳弃疾謂工尹商陽曰：『王事也，子手弓，而可手弓。』『子射諸。』射之，斃一人，韔弓。又及，謂之，又斃二人。每斃一人，揜其目。止其御曰：『朝不坐，燕不與，殺三人，亦足以反命矣。』孔子曰：『殺人之中，又有禮焉。』

諸侯伐秦，曹桓公卒于會。諸侯請含，使之襲。襄公朝于荆，康王卒。荆人曰：『必請襲。』魯人曰：『非禮也。』荆人强之。巫先拂柩，荆人悔之。

滕成公之喪，使子叔、敬叔吊，進書，子服惠伯爲介。及郊，爲懿伯之忌，不入。惠伯曰：『政也，不可以叔父之私，不將公事。』遂入。

哀公使人吊蕢尚，遇諸道，辟于路，畫宫而受吊焉。曾子曰：『蕢尚不如杞梁之妻之知禮也。齊莊公襲莒于奪，杞梁死焉。其妻迎其柩于路而哭之哀，莊公使人吊之，對曰：『君之臣不免于罪，則將肆諸市朝，而妻妾執。君之臣免于罪，則有先人之敝廬在。君無所辱命。』

孺子𪁪之喪，哀公欲設撥，問于有若。有若曰：『其可也。君之三臣猶設之。』顔柳曰：『天子龍輴而椁幬，諸侯輴而設幬，爲榆沈，故設撥。三臣者廢輴而設撥，竊禮之不中者也，而君何學焉？』

悼公之母死，哀公爲之齊衰。有若曰：『爲妾齊衰，禮與？』公曰：『吾得已乎哉？魯人以妻我。』

季子皋葬其妻，犯人之禾。申祥以告，曰：『請庚之。』子皋曰：『孟氏不以是罪予，朋友不以是弃予，以吾爲邑長于斯也，買道而葬，後難繼也。』

仕而未有禄者，君有饋焉曰獻，使焉曰寡君。違而君薨，弗爲服也。

虞而立尸，有几筵。卒哭而諱，生事畢而鬼事始已。既卒哭，宰夫執木鐸以命于宫曰：『舍故而諱新。』自寢門至于庫門。

二名不偏諱。夫子之母名徵在；言在不稱徵，言徵不稱在。

軍有憂，則素服哭于庫門之外，赴車不載櫜韔。

有焚其先人之室，則三日哭。故曰：『新宫火，亦三日哭。』

孔子過泰山側，有婦人哭于墓者而哀，夫子式而聽之，使子貢問之，曰：『子之哭也，壹似重有憂者。』而曰：『然，昔者吾舅死于虎，吾夫又死焉，今吾子又死焉。』夫子曰：『何爲不去也？』曰：『無苛政。』夫子曰：『小子識之，苛政猛于虎也。』

魯人有周豐也者，哀公執摯請見之，而曰不可。公曰：『我其已夫。』使人問焉，曰：『有虞氏未施信于民而民信之，夏后氏未施敬于民而民敬之，何施而得斯于民也？』對曰：『墟墓之間，未施哀于民而民哀。社稷宗廟之中，未施敬于民而民敬。殷人作誓而民始畔，周人作會而民始疑。苟無禮義、忠信、誠慤之心以莅之，雖固結之，民其不解乎？』

喪不慮居，毀不危身。喪不慮居，爲無廟也。毀不危身，爲無後也。

延陵季子適齊，于其反也，其長子死，葬于嬴博之間。孔子曰：『延陵季子，吴之習于禮者也。』往而觀其葬焉。其坎深不至于泉，其斂以時服。既葬而封，廣輪揜坎，其高可隱也。既封，左袒，右還其封且號者三，曰：『骨肉歸復于土，命也。若魂氣則無不之也，無不之也。』而遂行。孔子曰：『延陵季子之于禮也，其合矣乎。』

邾婁考公之喪，徐君使容居來吊、含，曰：『寡君使容居坐含，進侯玉。』其使容居以含。有司曰：『諸侯之來辱敝邑者，易則易，于則于，易于雜者，未之有也。』容居對曰：『容居聞之，事君不敢忘其君，亦不敢遺其祖。昔我先君駒王西討，濟于河，無所不用斯言也。容居，魯人也，不敢忘其祖。』

子思之母死于衛，赴于子思，子思哭于廟。門人至，曰：『庶氏之母死，何爲哭于孔氏之廟乎？』子思曰：『吾過矣，吾過矣。』遂哭于他室。

天子崩，三日，祝先服，五日，官長服，七日，國中男女服，三月，天下服。虞人致百祀之木，可以爲棺椁者斬之。不至者，廢其祀，刎其人。

齊大饑，黔敖爲食于路，以待餓者而食之。有餓者蒙袂輯屨，貿貿然來。黔敖左奉食，右執飲，曰：『嗟，來食！』揚其目而視之，曰：『予唯不食嗟來之食，以至于斯也。』從而謝焉，終不食而死。曾子聞之曰：『微與！其嗟也可去，其謝也可食。』

邾婁定公之時，有弑其父者。有司以告，公瞿然失席，曰：『是寡人之罪也。』曰：『寡人嘗學斷斯獄矣。臣弑君，凡在官者殺無赦。子弑父，凡在宫者殺無赦。殺其人，壞其室，洿其宫而豬焉。蓋君逾月而後舉爵。』

晋獻文子成室，晋大夫發焉。張老曰：『美哉輪焉！美哉奂焉！歌于斯，哭于斯，聚國族于斯。』文子曰：『武也得歌于斯，哭于斯，聚國族于斯，是全要領以從先大夫于九京也。』北面再拜稽首。君子謂之善頌善禱。

仲尼之畜狗死，使子貢埋之，曰：『吾聞之也，敝帷不弃，爲埋馬也。敝蓋不弃，爲埋狗也。丘也貧，無蓋，于其封也，亦予之席，毋使其首陷焉。』路馬死，埋之以帷。

季孫之母死，哀公吊焉。曾子與子貢吊焉，閽人爲君在，弗内也。曾子與子貢入于其廄而脩容焉。子貢先入，閽人曰：『鄉者已告矣。』曾子後入，閽人辟之。涉内霤，卿大夫皆辟位，公降一等而揖之。君子言之曰：『盡飾之道，斯其行者遠矣。』

陽門之介夫死，司城子罕入而哭之哀。晋人之覘宋者，反報于晋侯曰：『陽門之介夫死，而子罕哭之哀，而民説，殆不可伐也。』孔子聞之曰：『善哉覘國乎！《詩》云：「凡民有喪，扶服救之。」雖微晋而已，天下其孰能當之？』

魯莊公之喪，既葬，而絰不入庫門。士大夫既卒哭，麻不入。

孔子之故人曰原壤，其母死，夫子助之沐椁。原壤登木曰：『久矣，予之不託于音也。』歌曰：『貍首之班然，執女手之卷然。』夫子爲弗聞也者而過之。從者曰：『子未可以已乎？』夫子曰：『丘聞之，親者毋失其爲親也，故者毋失其爲故也。』

趙文子與叔譽觀乎九原。文子曰：『死者如可作也，吾誰與歸？』叔譽曰：『其陽處父乎？』文子曰：『行并植于晋國，不没其身，其知不足稱也。』『其舅犯乎？』文子曰：『見利不顧其君，其仁不足稱也。我則隨武子乎？利其君不忘其身，謀其身不遺其友。』晋人謂文子知人。文子其中退然如不勝衣，其言吶吶然如不出諸其口。所舉于晉國管庫之士七十有餘家，生不交利，死不屬其子焉。

叔仲皮學子柳。叔仲皮死，其妻魯人也，衣衰而繆絰。叔仲衍以告，請繐衰而環絰，曰：『昔者吾喪姑姊妹亦如斯，末吾禁也。』退，使其妻繐衰而環絰。

成人有其兄死而不爲衰者，聞子臯將爲成宰，遂爲衰。成人曰：『蠶則績而蟹有匡，范則冠而蟬有緌，兄則死而子臯爲之衰。』

樂正子春之母死，五日而不食，曰：『吾悔之，自吾母而不得吾情，吾惡乎用吾情？』

歲旱，穆公召縣子而問然，曰：『天久不雨，吾欲暴尫而奚若？』曰：『天久不雨，而暴人之疾子，虐，毋乃不可與？』『然則吾欲暴巫而奚若？』曰：『天則不雨，而望之愚婦人，于以求之，毋乃已疏乎？』『徙市則奚若？』曰：『天子崩，巷市七日。諸侯薨，巷市三日。爲之徙市，不亦可乎？』

孔子曰：『衛人之祔也離之，魯人之祔也合之，善夫！』

禮記卷第十一

王制第五

王者之制禄爵：公、侯、伯、子、男，凡五等。諸侯之上大夫卿、下大夫、上士、中士、下士，凡五等。

天子之田方千里，公侯田方百里，伯七十里，子男五十里。不能五十里者，不合于天子，附于諸侯曰附庸。天子之三公之田視公侯，天子之卿視伯，天子之大夫視子男，天子之元士視附庸。

制：農田百畝。百畝之分，上農夫食九人，其次食八人，其次食七人，其次食六人，下農夫食五人。庶人在官者，其禄以是爲差也。諸侯之下士視上農夫，禄足以代其耕也。中士倍下士，上士倍中士，下大夫倍上士。卿四大夫禄，君十卿禄。次國之卿三大夫禄，君十卿禄。小國之卿倍大夫禄，君十卿禄。

次國之上卿，位當大國之中，中當其下，下當其上大夫。小國之上卿，位當大國之下卿，中當其上大夫，下當其下大夫。其有中士、下士者，數各居其上之三分。

凡四海之内九州，州方千里，州建百里之國三十，七十里之國六十，五十里之國百有二十，凡二百一十國。名山大澤不以封，其餘以爲附庸閒田。八州，州二百一十國。

天子之縣内，方百里之國九，七十里之國二十有一，五十里之國六十有三，凡九十三國。名山大澤不以朌，其餘以禄士，以爲閒田。

凡九州，千七百七十三國。天子之元士，諸侯之附庸，不與。

天子百里之内以共官，千里之内以爲御。

千里之外設方伯，五國以爲屬，屬有長。十國以爲連，連有帥。三十國以爲卒，卒有正。二百一十國以爲州，州有伯。八州八伯，五十六正，百六十八帥，三百三十六長。八伯各以其屬，屬于天子之老二人，分天下以爲左右，曰二伯。

千里之内曰甸，千里之外曰采，曰流。

天子，三公、九卿、二十七大夫、八十一元士。大國三卿，皆命于天子，下大夫五人，上士二十七人。次國三卿，二卿命于天子，一卿命于其君，下大夫五人，上士二十七人。小國二卿，皆命于其君，下大夫五人，上士二十七人。

天子使其大夫爲三監，監于方伯之國，國三人。

天子之縣内諸侯，禄也；外諸侯，嗣也。

制：三公一命卷，若有加則賜也，不過九命。次國之君，不過七命。小國之君，不過五命。大國之卿，不過三命。下卿再命。小國之卿與下大夫一命。

凡官民材，必先論之。論辨，然後使之。任事，然後爵之。位定，然後禄之。

爵人于朝，與士共之。刑人于市，與衆弃之。是故公家不畜刑人，大夫弗養，士遇之塗，弗與言也。屏之四方，唯其所之，不及以政，亦弗故生也。

諸侯之于天子也，比年一小聘，三年一大聘，五年一朝。

天子五年一巡守。歲二月，東巡守，至于岱宗。柴而望，祀山川。覲諸侯，問百年者就見之。命大師陳詩，以觀民風。命市納賈，以觀民之所好惡，志淫好辟。命典禮，考時月，定日，同律、禮、樂、制度、衣服，正之。山川神祇，有不舉者爲不敬，不敬者君削以地。宗廟有不順者爲不孝，不孝者君絀以爵。變禮易樂者爲不從，不從者君流。革制度衣服者爲畔，畔者君討。有功德于民者，加地進律。五月，南巡守至于南嶽，如東巡守之禮。八月，西巡守至于西嶽，如南巡守之禮。十有一月，北巡守至于北嶽，如西巡守之禮。歸假于祖禰，用特。

禮記卷第十二

王制第五

天子將出，類乎上帝，宜乎社，造乎禰。諸侯將出，宜乎社，造乎禰。

天子無事，與諸侯相見曰朝。考禮、正刑、一德，以尊于天子。天子賜諸侯樂，則以柷將之，賜伯、子、男樂，則以鼗將之。諸侯賜弓矢，然後征。賜鈇鉞，然後殺。賜圭瓚，然後爲鬯。未賜圭瓚，則資鬯于天子。

天子命之教，然後爲學。小學在公宮南之左，大學在郊。天子曰辟廱，諸侯曰頖宫。

天子將出征，類乎上帝，宜乎社，造乎禰，禡于所征之地。受命于祖，受成于學。出征執有罪，反，釋奠于學，以訊馘告。

天子諸侯無事，則歲三田，一爲乾豆，二爲賓客，三爲充君之庖。無事而不田，曰不敬。田不以禮，曰暴天物。天子不合圍，諸侯不掩群。天子殺則下大綏，諸侯殺則下小綏，大夫殺則止佐車。佐車止則百姓田獵。獺祭魚，然後虞人入澤梁。豺祭獸，然後田獵。鳩化爲鷹，然後設罻羅。草木零落，然後入山林。昆蟲未蟄，不以火田。不麛，不卵，不殺胎，不殀夭，不覆巢。

冢宰制國用，必于歲之杪，五穀皆入，然後制國用。用地小大，視年之豐秏。以三十年之通制國用，量入以爲出，祭用數之仂。喪，三年不祭，唯祭天地社稷，爲越紼而行事。喪用三年之仂。喪祭用不足曰暴，有餘曰浩。祭，豐年不奢，凶年不儉。國無九年之蓄曰不足，無六年之蓄曰急，無三年之蓄曰國非其國也。三年耕，必有一年之食。九年耕，必有三年之食。以三十年之通，雖有凶旱水溢，民無菜色，然後天子食，日舉以樂。

天子七日而殯，七月而葬。諸侯五日而殯，五月而葬。大夫、士、庶人三日而殯，三月而葬。三年之喪，自天子達。庶人縣封，葬不爲雨止，不封不樹。喪不貳事，自天子達于庶人。喪從死者，祭從生者。支子不祭。

天子七廟，三昭三穆，與大祖之廟而七。諸侯五廟，二昭二穆，與大祖之廟而五。大夫三廟，一昭一穆，與大祖之廟而三。士一廟。庶人祭于寢。

天子諸侯宗廟之祭，春曰礿，夏曰禘，秋曰嘗，冬曰烝。天子祭天地，諸侯祭社稷，大夫祭五祀。天子祭天下名山大川，五嶽視三公，四瀆視諸侯。諸侯祭名山大川之在其地者。

天子諸侯，祭因國之在其地而無主後者。

天子犆礿，祫禘，祫嘗，祫烝。諸侯礿則不禘，禘則不嘗，嘗則不烝，烝則不礿。諸侯礿犆，禘一犆一祫，嘗祫，烝祫。

天子社稷皆大牢，諸侯社稷皆少牢。大夫、士宗廟之祭，有田則祭，無田則薦。庶人春薦韭，夏薦麥，秋薦黍，冬薦稻。韭以卵，麥以魚，黍以豚，稻以雁。祭天地之牛角繭栗，宗廟之牛角握，賓客之牛角尺。諸侯無故不殺牛，大夫無故不殺羊，士無故不殺犬豕，庶人無故不食珍。

庶羞不逾牲，燕衣不逾祭服，寢不逾廟。

古者公田藉而不稅，市廛而不稅，關譏而不征。林麓川澤，以時入而不禁。夫圭田無征。

用民之力，歲不過三日。

田里不粥，墓地不請。

司空執度度地，居民山川沮澤，時四時。量地遠近，興事任力。凡使民，任老者之事，食壯者之食。

凡居民材，必因天地寒暖燥濕。廣谷大川異制，民生其間者異俗，剛柔、輕重、遲速異齊。五味異和，器械異制，衣服異宜。脩其教，不易其俗。齊其政，不易其宜。中國戎夷，五方之民，皆有性也，不可推移。東方曰夷，被髮文身，有不火食者矣。南方曰蠻，雕題交趾，有不火食者矣。西方曰戎，被髮衣皮，有不粒食者矣。北方曰狄，衣羽毛穴居，有不粒食者矣。中國、夷、蠻、戎、狄，皆有安居、和味、宜服、利用、備器。五方之民，言語不通，嗜欲不同。達其志，通其欲，東方曰寄，南方曰象，西方曰狄鞮，北方曰譯。

凡居民，量地以制邑，度地以居民，地邑民居，必參相得也。無曠土，無游民，食節事時，民咸安其居，樂事勸功，尊君親上，然後興學。

禮記卷第十三

王制第五

司徒脩六禮以節民性，明七教以興民德，齊八政以防淫，一道德以同俗，養耆老以致孝，恤孤獨以逮不足，上賢以崇德，簡不肖以絀惡。命鄉簡不帥教者以告。耆老皆朝于庠，元日習射上功，習鄉上齒。大司徒帥國之俊士與執事焉。不變，命國之右鄉，簡不帥教者移之左。命國之左鄉，簡不帥教者移之右，如初禮。不變，移之郊，如初禮。不變，移之遂，如初禮。不變，屏之遠方，終身不齒。命鄉論秀士，升之司徒，曰選士。司徒論選士之秀者而升之學，曰俊士。升于司徒者不征于鄉，升于學者不征于司徒，曰造士。樂正崇四術，立四教。順先王《詩》《書》《禮》《樂》以造士。春秋教以《禮》《樂》，冬夏教以《詩》《書》。王大子、王子、群后之大子，卿大夫、元士之適子，國之俊選，皆造焉。凡入學以齒。將出學，小胥、大胥、小樂正簡不帥教者，以告于大樂正，大樂正以告于王。王命三公、九卿、大夫、元士皆入學。不變，王親視學。不變，王三日不舉。屏之遠方，西方曰棘，東方曰寄，終身不齒。大樂正論造士之秀者，以告于王，而升諸司馬，曰進士。

司馬辨論官材，論進士之賢者，以告于王，而定其論。論定，然後官之。任官，然後爵之。位定，然後禄之。大夫廢其事，終身不仕，死以士禮葬之。有發，則命大司徒教士以車甲。凡執技論力，適四方，嬴股肱，决射御。凡執技以事上者，祝、史、射、御、醫、卜及百工。凡執技以事上者，不貳事，不移官，出鄉不與士齒。仕于家者，出鄉不與士齒。

司寇正刑明辟，以聽獄訟。必三刺。有旨無簡，不聽。附從輕，赦從重。凡制五刑，必即天論。郵罰麗于事。凡聽五刑之訟，必原父子之親，立君臣之義以權之。意論輕重之序，慎測淺深之量以别之。悉其聰明，致其忠愛以盡之。疑獄，氾與衆共之。衆疑，赦之。必察小大之比以成之。成獄辭，史以獄成告于正，正聽之。正以獄成告于大司寇，大司寇聽之棘木之下。大司寇以獄之成告于王，王命三公參聽之。三公以獄之成告于王，王三又，然後制刑。凡作刑罰，輕無赦。刑者侀也，侀者成也，一成而不可變，故君子盡心焉。析言破律，亂名改作，執左道以亂政，殺。

作淫聲、異服、奇技、奇器以疑衆，殺。行僞而堅，言僞而辯，學非而博，順非而澤以疑衆，殺。假于鬼神、時日、卜筮以疑衆，殺。此四誅者，不以聽。凡執禁以齊衆，不赦過。有圭璧金璋，不粥于市。命服命車，不粥于市。宗廟之器，不粥于市。犧牲不粥于市。戎器不粥于市。用器不中度，不粥于市。兵車不中度，不粥于市。布帛精粗不中數，幅廣狹不中量，不粥于市。奸色亂正色，不粥于市。錦文珠玉成器，不粥于市。衣服飲食，不粥于市。五穀不時，果實未孰，不粥于市。木不中伐，不粥于市。禽獸魚鱉不中殺，不粥于市。關執禁以譏，禁異服，識異言。

大史典禮，執簡記，奉諱惡。

天子齊戒受諫。司會以歲之成，質于天子。冢宰齊戒受質。大樂正、大司寇、市三官以其成，從質于天子。大司徒、大司馬、大司空齊戒受質。百官各以其成，質于三官。大司徒、大司馬、大司空以百官之成，質于天子。百官齊戒受質，然後休老勞農，成歲事，制國用。

凡養老，有虞氏以燕禮，夏后氏以饗禮，殷人以食禮，周人脩而兼用之。

五十養于鄉，六十養于國，七十養于學，達于諸侯。八十拜君命，一坐再至，瞽亦如之。九十使人受。五十異粻，六十宿肉，七十貳膳，八十常珍，九十飲食不離寢，膳飲從于游可也。六十歲制，七十時制，八十月制，九十日脩。唯絞、紟、衾、冒，死而後制。五十始衰，六十非肉不飽，七十非帛不暖，八十非人不暖，九十雖得人不暖矣。五十杖于家，六十杖于鄉，七十杖于國，八十杖于朝，九十者，天子欲有問焉，則就其室，以珍從。七十不俟朝，八十月告存，九十日有秩。五十不從力政，六十不與服戎，七十不與賓客之事，八十齊喪之事弗及也。五十而爵，六十不親學，七十致政，唯衰麻爲喪。

有虞氏養國老于上庠，養庶老于下庠。夏后氏養國老于東序，養庶老于西序。殷人養國老于右學，養庶老于左學。周人養國老于東膠，養庶老于虞庠，虞庠在國之西郊。有虞氏皇而祭，深衣而養老。夏后氏收而祭，燕衣而養老。殷人冔而祭，縞衣而養老。周人冕而祭，玄衣而養老。凡三王養老皆引年。八十者，一子不從政，九十者，其家不從政。廢疾非人不養者，一人不從政。父母之喪，三年不從政。齊衰大功之喪，三月不從政。將徙于諸侯，三月不從政。自諸侯來徙家，期不從政。

少而無父者謂之孤，老而無子者謂之獨，老而無妻者謂之矜，老而無夫者謂之寡。此四者，天民之窮而無告者也，皆有常餼。

瘖、聾、跛躃、斷者、侏儒，百工各以其器食之。

道路：男子由右，婦人由左，車從中央。父之齒隨行，兄之齒雁行，朋友不相逾。輕任并，重任分，班白不提挈。

君子耆老不徒行，庶人耆老不徒食。

大夫祭器不假。祭器未成，不造燕器。

方一里者，爲田九百畝。方十里者，爲方一里者百，爲田九萬畝。方百里者，爲方十里者百，爲田九十億畝。方千里者，爲方百里者百，爲田九萬億畝。

自恒山至于南河，千里而近。自南河至于江，千里而近。自江至于衡山，千里而遥。自東河至于東海，千里而遥。自東河至于西河，千里而近。自西河至于流沙，千里而遥。西不盡流沙，南不盡衡山，東不盡東海，北不盡恒山。凡四海之内，斷長補短，方三千里，爲田八十萬億一萬億畝。方百里者，爲田九十億畝。山陵、林麓、川澤、溝瀆、城郭、宮室、塗巷，三分去一，其餘六十億畝。

古者以周尺八尺爲步，今以周尺六尺四寸爲步。古者百畝，當今東田百四十六畝三十步。古者百里，當今百二十一里六十步四尺二寸二分。

方千里者，爲方百里者百，封方百里者三十國，其餘方百里者七十。又封方七十里者六十，爲方百里者二十九，方十里者四十，其餘方百里者四十，方十里者六十。又封方五十里者百二十，爲方百里者三十，其餘方百里者十，方十里者六十。名山大澤不以封，其餘以爲附庸間田。諸侯之有功者，取于間田以禄之，其有削地者，歸之間田。

天子之縣内，方千里者，爲方百里者百，封方百里者九，其餘方百里者九十一。又封方七十里者二十一，爲方百里者十，方十里者二十九，其餘方百里者八十，方十里者七十一。又封方五十里者六十三，爲方百里者十五，方十里者七十五，其餘方百里者六十四，方十里者九十六。

諸侯之下士禄食九人，中士食十八人，上士食三十六人，下大夫食七十二人，卿食二百八十八人，君食二千八百八十人。次國之卿食二百一十六人，君食二千一百六十人。小國之卿食百四十四人，君食千四百四十人。次國之卿，命于其君者，如小國之卿。天子之大夫爲三監，監于諸侯之國者，其禄視諸侯之卿，其爵視次國之君，其禄取之于方伯之地。方伯爲朝天子，皆有湯沐之邑于天子之縣内，視元士。諸侯世子世國。大夫不世爵，使以德，爵以功。未賜爵，視天子之元士，以君其國。諸侯之大夫，不世爵禄。

六禮：冠、昏、喪、祭、鄉、相見。七教：父子、兄弟、夫婦、君臣、長幼、朋友、賓客。八政：飲食、衣服、事爲、異别、度、量、數、制。

禮記卷第十四

月令第六

孟春之月，日在營室，昏參中，旦尾中。其日甲乙。其帝大皞，其神句芒。其蟲鱗。其音角，律中大蔟。其數八。其味酸，其臭羶。其祀户，祭先脾。

東風解凍，蟄蟲始振，魚上冰，獺祭魚，鴻鴈來。

天子居青陽左个，乘鸞路，駕倉龍，載青旂，衣青衣，服倉玉，食麥與羊，其器疏以達。

是月也，以立春。先立春三日，大史謁之天子曰：『某日立春，盛德在木。』天子乃齊。立春之日，天子親帥三公、九卿、諸侯、大夫，以迎春于東郊。還反，賞公、卿、諸侯、大夫于朝。

命相布德和令，行慶施惠，下及兆民。慶賜遂行，毋有不當。

乃命大史，守典奉法，司天日月星辰之行，宿離不貸，毋失經紀，以初爲常。

是月也，天子乃以元日祈穀于上帝。乃擇元辰，天子親載耒耜，措之于參保介御之間，帥三公、九卿、諸侯、大夫躬耕帝藉。天子三推，三公五推，卿諸侯九推。反，執爵于大寢，三公、九卿、諸侯、大夫皆御，命曰勞酒。

是月也，天氣下降，地氣上騰，天地和同，草木萌動。王命布農事，命田舍東郊，皆脩封疆，審端經術。善相丘陵、阪險、原隰，土地所宜，五穀所殖，以教道民，必躬親之。田事既飭，先定準直，農乃不惑。

是月也，命樂正入學習舞。乃脩祭典。命祀山林川澤，犧牲毋用牝。禁止伐木。毋覆巢，毋殺孩蟲、胎、夭、飛鳥，毋麛毋卵。毋聚大衆，毋置城郭。掩骼埋胔。

是月也，不可以稱兵，稱兵必天殃。兵戎不起，不可從我始。毋變天之道，毋絶地之理，毋亂人之紀。

孟春行夏令，則雨水不時，草木蚤落，國時有恐。行秋令，則其民大疫，猋風暴雨總至，藜莠蓬蒿並興。行冬令，則水潦爲敗，雪霜大摰，首種不入。

禮記卷第十五

月令第六

仲春之月，日在奎，昏弧中，旦建星中。其日甲乙。其帝大皞，其神句芒。其蟲鱗。其音角，律中夾鍾。其數八。其味酸，其臭膻，其祀户，祭先脾。

始雨水，桃始華。倉庚鳴，鷹化爲鳩。

天子居青陽大廟，乘鸞路，駕倉龍，載青旂，衣青衣，服倉玉，食麥與羊，其器疏以達。

是月也，安萌芽，養幼少，存諸孤。擇元日，命民社。命有司，省囹圄，去桎梏，毋肆掠，止獄訟。

是月也，玄鳥至。至之日，以大牢祠于高禖，天子親往。后妃帥九嬪御。乃禮天子所御，帶以弓韣，授以弓矢，于高禖之前。

是月也，日夜分。雷乃發聲，始電，蟄蟲咸動，啓户始出。先雷三日，奮木鐸以令兆民曰：『雷將發聲，有不戒其容止者，生子不備，必有凶災！』日夜分，則同度量，鈞衡石，角斗甬，正權概。

是月也，耕者少舍。乃脩闔扇，寢廟畢備。毋作大事，以妨農之事。

是月也，毋竭川澤，毋漉陂池，毋焚山林。天子乃鮮羔開冰，先薦寢廟。

上丁，命樂正習舞，釋菜。天子乃帥三公、九卿、諸侯、大夫親往視之。仲丁，又命樂正入學習樂。

是月也，祀不用犧牲，用圭璧，更皮幣。

仲春行秋令，則其國大水，寒氣總至，寇戎來征。行冬令，則陽氣不勝，麥乃不熟，民多相掠。行夏令，則國乃大旱，暖氣早來，蟲螟爲害。

季春之月，日在胃，昏七星中，旦牽牛中。其日甲乙。其帝大皞，其神句芒。其蟲鱗。其音角，律中姑洗。其數八。其味酸，其臭膻。其祀户，祭先脾。

桐始華，田鼠化爲鴽，虹始見，蓱始生。天子居青陽右个，乘鸞路，駕倉龍，載青旂，衣青衣，服倉玉，食麥與羊，其器疏以達。

是月也，天子乃薦鞠衣于先帝。命舟牧覆舟，五覆五反，乃告舟備具于天子焉。

天子始乘舟，薦鮪于寢廟，乃爲麥祈實。

是月也，生氣方盛，陽氣發泄，句者畢出，萌者盡達，不可以內。天子布德行惠，命有司發倉廩，賜貧窮，振乏絶。開府庫，出幣帛，周天下。勉諸侯，聘名士，禮賢者。

是月也，命司空曰：『時雨將降，下水上騰，循行國邑，周視原野，脩利堤防，道達溝瀆，開通道路，毋有障塞。田獵罝罘、羅罔、畢翳、餧獸之藥，毋出九門。』

是月也，命野虞無伐桑柘。鳴鳩拂其羽，戴勝降于桑。具曲、植、籧、筐。后妃齊戒，親東鄉躬桑，禁婦女毋觀，省婦使，以勸蠶事。蠶事既登，分繭稱絲效功，以共郊廟之服，無有敢惰。

是月也，命工師，令百工，審五庫之量，金、鐵、皮、革、筋、角、齒、羽、箭、幹、脂、膠、丹、漆，毋或不良。百工咸理，監工日號：『毋悖于時，毋或作爲淫巧，以蕩上心。』

是月之末，擇吉日，大合樂。天子乃率三公、九卿、諸侯、大夫，親往視之。

是月也，乃合累牛騰馬，游牝于牧。犧牲、駒、犢，舉書其數。

命國難，九門磔攘，以畢春氣。

季春行冬令，則寒氣時發，草木皆肅，國有大恐。行夏令，則民多疾疫，時雨不降，山林不收。行秋令，則天多沉陰，淫雨蚤降，兵革並起。

孟夏之月，日在畢，昏翼中，旦婺女中。其日丙丁。其帝炎帝，其神祝融。其蟲羽。其音徵，律中中呂。其數七。其味苦，其臭焦。其祀竈，祭先肺。

螻蟈鳴，蚯蚓出，王瓜生，苦菜秀。

天子居明堂左个，乘朱路，駕赤駵，載赤旂，衣朱衣，服赤玉，食菽與鷄，其器高以粗。

是月也，以立夏，先立夏三日，大史謁之天子曰：『某日立夏，盛德在火。』天子乃齊。立夏之日，天子親帥三公、九卿、大夫以迎夏于南郊。還反，行賞，封諸侯。慶賜遂行，無不欣説。乃命樂師，習合禮樂。命太尉贊桀俊，遂賢良，舉長大，行爵出禄，必當其位。

是月也，繼長增高，毋有壞墮，毋起土功，毋發大衆，毋伐大樹。

是月也，天子始絺。命野虞出行田原，爲天子勞農勸民，毋或失時。命司徒巡行縣鄙，命農勉作，毋休于都。

是月也，驅獸毋害五穀，毋大田獵。農乃登麥，天子乃以彘嘗麥，先薦寢廟。

是月也，聚畜百藥。靡草死，麥秋至。斷薄刑，决小罪，出輕繫。蠶事畢，后妃獻繭。乃收繭稅，以桑爲均，貴賤長幼如一，以給郊廟之服。

是月也，天子飲酎，用禮樂。

孟夏行秋令，則苦雨數來，五穀不滋，四鄙入保。行冬令，則草木蚤枯。後乃大水，敗其城郭。行春令，則蝗蟲爲灾，暴風來格，秀草不實。

禮記卷第十六

月令第六

仲夏之月，日在東井，昏亢中，旦危中。其日丙丁。其帝炎帝，其神祝融。其蟲羽。其音徵，律中蕤賓。其數七。其味苦，其臭焦。其祀竈，祭先肺。

小暑至，螳蜋生。鵙始鳴，反舌無聲。

天子居明堂太廟，乘朱路，駕赤騮，載赤旂，衣朱衣，服赤玉，食菽與雞，其器高以粗。養壯佼。

是月也，命樂師脩鞀、鞞、鼓，均琴瑟、管、簫，執干戚戈羽，調竽笙篪簧，飭鍾磬柷敔。命有司爲民祈祀山川百源。大雩帝，用盛樂。乃命百縣雩祀百辟卿士有益于民者，以祈穀實。農乃登黍。

是月也，天子乃以雛嘗黍，羞以含桃，先薦寢廟。令民毋艾藍以染，毋燒灰，毋暴布。門閭毋閉，關市毋索。挺重囚，益其食。游牝别群，則縶騰駒。班馬政。

是月也，日長至，陰陽争，死生分。君子齊戒，處必掩身，毋躁。止聲色，毋或進。

薄滋味，毋致和。節嗜欲，定心氣，百官静事毋刑，以定晏陰之所成。

鹿角解，蟬始鳴。半夏生，木堇榮。

是月也，毋用火南方。可以居高明，可以遠眺望，可以升山陵，可以處臺榭。

仲夏行冬令，則雹凍傷穀，道路不通，暴兵來至。行春令，則五穀晚熟。百螣時起，其國乃饑。行秋令，則草木零落，果實早成，民殃于疫。

季夏之月，日在柳，昏火中，旦奎中。其日丙丁。其帝炎帝，其神祝融。其蟲羽。其音徵，律中林鍾。其數七。其味苦，其臭焦。其祀竈，祭先肺。

温風始至，蟋蟀居壁，鷹乃學習，腐草爲螢。

天子居明堂右个，乘朱路，駕赤騮，載赤旂，衣朱衣，服赤玉，食菽與鷄，其器高以粗。

命漁師伐蛟、取鼉、登龜、取黿。命澤人納材葦。

是月也，命四監大合百縣之秩芻，以養犧牲，令民無不咸出其力，以共皇天上帝，名山大川，四方之神，以祠宗廟社稷之靈，以爲民祈福。

是月也，命婦官染采，黼黻文章，必以法故，無或差貸。黑黄倉赤，莫不質良，毋敢詐僞。以給郊廟祭祀之服，以爲旗章，以别貴賤等給之度。

是月也，樹木方盛，乃命虞人入山行木，毋有斬伐。不可以興土功，不可以合諸侯，不可以起兵動衆。毋舉大事，以摇養氣。毋發令而待，以妨神農之事也。水潦盛昌，神農將持功，舉大事則有天殃。

是月也，土潤溽暑，大雨時行，燒薙行水，利以殺草，如以熱湯。可以糞田疇，可以美土彊。

季夏行春令，則穀實鮮落，國多風欬，民乃遷徙。行秋令，則丘隰水潦，禾稼不熟，乃多女灾。行冬令，則風寒不時，鷹隼蚤鷙，四鄙入保。

中央土。其日戊己。其帝黄帝，其神后土。其蟲倮，其音宫，律中黄鍾之宫。其數五。其味甘，其臭香。其祀中霤，祭先心。

天子居大廟大室，乘大路，駕黄駵，載黄旂，衣黄衣，服黄玉，食稷與牛，其器圜以閎。

孟秋之月，日在翼，昏建星中，旦畢中。其日庚辛。其帝少皞，其神蓐收。其蟲毛。其音商，律中夷則。其數九。其味辛，其臭腥。其祀門，祭先肝。涼風至，白露降，寒蟬鳴。鷹乃祭鳥，用始行戮。

天子居總章左个，乘戎路，駕白駱，載白旂，衣白衣，服白玉，食麻與犬，其器廉以深。

是月也，以立秋。先立秋三日，大史謁之天子曰：『某日立秋，盛德在金。』天子乃齊。立秋之日，天子親帥三公、九卿、諸侯、大夫，以迎秋于西郊。還反，賞軍帥、武人于朝。天子乃命將帥選士厲兵，簡練桀俊，專任有功，以征不義。詰誅暴慢，以明好惡，順彼遠方。

是月也，命有司脩法制，繕囹圄，具桎梏，禁止奸，慎罪邪，務搏執。命理瞻傷，察創視折。審斷、決獄，訟必端平。戮有罪，嚴斷刑。天地始肅，不可以贏。

是月也，農乃登穀。天子嘗新，先薦寢廟。命百官始收斂。完堤坊，謹壅塞，以備水潦。脩宮室，壞墻垣，補城郭。

是月也，毋以封諸侯、立大官。毋以割地、行大使、出大幣。

孟秋行冬令，則陰氣大勝，介蟲敗穀，戎兵乃來。行春令，則其國乃旱，陽氣復還，五穀無實。行夏令，則國多火災，寒熱不節，民多瘧疾。

仲秋之月，日在角，昏牽牛中，旦觜觿中。其日庚辛，其帝少皞，其神蓐收。其蟲毛。其音商，律中南呂。其數九。其味辛，其臭腥。其祀門，祭先肝。

盲風至，鴻雁來，玄鳥歸，群鳥養羞。

天子居總章大廟，乘戎路，駕白駱，載白旂，衣白衣，服白玉，食麻與犬，其器廉以深。

是月也，養衰老，授几杖，行糜粥飲食。乃命司服，具飭衣裳，文繡有恒，制有小大，度有長短。衣服有量，必循其故。冠帶有常。乃命有司申嚴百刑，斬殺必當，毋或枉橈。枉橈不當，反受其殃。

是月也，乃命宰祝循行犧牲，視全具，案芻豢，瞻肥瘠，察物色，必比類，量小大，視長短，皆中度。五者備當，上帝其饗。天子乃難，以達秋氣。以犬嘗麻，先薦寢廟。

是月也，可以築城郭，建都邑，穿竇窖，脩囷倉。乃命有司趣民收斂，務畜菜，多積聚。乃勸種麥，毋或失時。其有失時，行罪無疑。

是月也，日夜分，雷始收聲，蟄蟲壞户，殺氣浸盛，陽氣日衰，水始涸。日夜分，則同度量，平權衡，正鈞石，角斗甬。

是月也，易關市，來商旅，納貨賄，以便民事。四方來集，遠鄉皆至，則財不匱，上無乏用，百事乃遂。凡舉大事，毋逆大數，必順其時，慎因其類。

仲秋行春令，則秋雨不降，草木生榮，國乃有恐。行夏令，則其國乃旱，蟄蟲不藏，五穀復生。行冬令，則風災數起，收雷先行。草木蚤死。

禮記卷第十七

月令第六

季秋之月，日在房，昏虛中，旦柳中。其日庚辛。其帝少皞，其神蓐收。其蟲毛。其音商，律中無射。其數九。其味辛，其臭腥。其祀門，祭先肝。鴻雁來賓，爵入大水爲蛤，鞠有黄華，豺乃祭獸戮禽。

天子居總章右个，乘戎路，駕白駱，載白旂，衣白衣，服白玉，食麻與犬，其器廉以深。

是月也，申嚴號令。命百官貴賤無不務内，以會天地之藏，無有宣出。乃命冢宰，農事備收，舉五穀之要，藏帝藉之收于神倉，祗敬必飭。

是月也，霜始降，則百工休。乃命有司曰：『寒氣總至，民力不堪，其皆入室。』上丁，命樂正入學習吹。

是月也，大饗帝。嘗犧牲，告備于天子。合諸侯制，百縣爲來歲受朔日，與諸侯所稅于民，輕重之法，貢職之數，以遠近土地所宜爲度，以給郊廟之事，無有所私。

是月也，天子乃教于田獵，以習五戎，班馬政。命僕及七騶咸駕，載旌旐，授車以級，整設于屏外。司徒搢撲，北面誓之。天子乃厲飾，執弓挾矢以獵，命主祠祭禽于四方。

是月也，草木黄落，乃伐薪爲炭。蟄蟲咸俯在内，皆墐其户。乃趣獄刑，毋留有罪。收禄秩之不當，供養之不宜者。

是月也，天子乃以犬嘗稻，先薦寢廟。

季秋行夏令，則其國大水，冬藏殃敗，民多鼽嚏。行冬令，則國多盜賊，邊竟不寧，土地分裂。行春令，則暖風來至，民氣解惰，師興不居。

孟冬之月，日在尾，昏危中，旦七星中。其日壬癸。其帝顓頊，其神玄冥。其蟲介。其音羽，律中應鍾。其數六。其味鹹，其臭朽。其祀行，祭先腎。

水始冰，地始凍，雉入大水爲蜃，虹藏不見。

天子居玄堂左个，乘玄路，駕鐵驪，載玄旂，衣黑衣，服玄玉，食黍與彘，其器閎以奄。

是月也，以立冬。先立冬三日，太史謁之天子曰：『某日立冬，盛德在水。』天子乃齊。立冬之日，天子親帥三公、九卿、大夫以迎冬于北郊，還反，賞死事，恤孤寡。

是月也，命大史釁龜筴占兆，審卦吉凶。是察阿黨，則罪無有掩蔽。

是月也，天子始裘。命有司曰：『天氣上騰，地氣下降，天地不通，閉塞而成冬。』命百官謹蓋藏。命司徒循行積聚，無有不斂。壞城郭，戒門閭，脩鍵閉，慎管籥，固封疆，備邊竟，完要塞，謹關梁，塞徯徑。飭喪紀，辨衣裳，審棺椁之薄厚，塋丘壟之大小、高卑、厚薄之度，貴賤之等級。

是月也，命工師效功，陳祭器，按度程，毋或作爲淫巧以蕩上心。必功致爲上。物勒工名，以考其誠。功有不當，必行其罪，以窮其情。

是月也，大飲烝。天子乃祈來年于天宗，大割祠于公社及門閭，臘先祖五祀，勞農以休息之。天子乃命將帥講武，習射御，角力。

是月也，乃命水虞、漁師收水泉池澤之賦，毋或敢侵削衆庶兆民，以爲天子取怨于下。其有若此者，行罪無赦。

孟冬行春令，則凍閉不密，地氣上泄，民多流亡。行夏令，則國多暴風，方冬不寒，蟄蟲復出。行秋令，則雪霜不時，小兵時起，土地侵削。

仲冬之月，日在斗，昏東壁中，旦軫中。其日壬癸。其帝顓頊，其神玄冥。其蟲介。其音羽，律中黃鍾。其數六。其味鹹，其臭朽。其祀行，祭先腎。冰益壯，地始坼。鶡旦不鳴，虎始交。天子居玄堂大廟，乘玄路，駕鐵驪，載玄旂，衣黑衣，服玄玉，食黍與彘，其器閎以奄。飭死事。命有司曰：『土事毋作，慎毋發蓋，毋發室屋，及起大衆，以固而閉。地氣沮泄，是謂發天地之房，諸蟄則死，民必疾疫，又隨以喪。命之曰暢月。』

是月也，命奄尹申宮令，審門閭，謹房室，必重閉。省婦事，毋得淫。雖有貴戚近習，毋有不禁。

乃命大酋，秫稻必齊，麴蘖必時，湛熾必絜，水泉必香，陶器必良，火齊必得，兼用六物。大酋監之，毋有差貸。

天子命有司祈祀四海、大川、名源、淵澤、井泉。

是月也，農有不收藏積聚者，馬牛畜獸有放佚者，取之不詰。山林藪澤，有能取蔬食田獵禽獸者，野虞教道之。其有相侵奪者，罪之不赦。

是月也，日短至，陰陽争，諸生蕩。君子齊戒，處必掩身。身欲寧，去聲色，禁耆欲，安形性，事欲静，以待陰陽之所定。芸始生，荔挺出，蚯蚓結，麋角解，水泉動。日短至，則伐木，取竹箭。

是月也，可以罷官之無事，去器之無用者。塗闕廷門閭，築囹圄，此所以助天地之閉藏也。

仲冬行夏令，則其國乃旱，氛霧冥冥，雷乃發聲。行秋令，則天時雨汁，瓜瓠不成，國有大兵。行春令，則蝗蟲爲敗，水泉咸竭，民多疥癘。

季冬之月，日在婺女，昏婁中，旦氐中。其日壬癸。其帝顓頊，其神玄冥。其蟲介。其音羽，律中大吕。其數六。其味鹹，其臭朽。其祀行，祭先腎。

雁北鄉，鵲始巢，雉雊，鷄乳。

天子居玄堂右个，乘玄路，駕鐵驪，載玄旂，衣黑衣，服玄玉，食黍與彘，其器閎以奄。

命有司大難，旁磔，出土牛，以送寒氣。征鳥厲疾。乃畢山川之祀，及帝之大臣，天之神祇。

是月也，命漁師始漁。天子親往，乃嘗魚，先薦寢廟。冰方盛，水澤腹堅，命取冰。冰以入，令告民，出五種。命農計耦耕事，脩耒耜，具田器。命樂師大合吹而罷。乃命四監收秩薪柴，以共郊廟及百祀之薪燎。

是月也，日窮于次，月窮于紀，星回于天，數將幾終。歲且更始，專而農民，毋有所使。天子乃與公、卿、大夫，共飭國典，論時令，以待來歲之宜。乃命太史次諸侯之列，賦之犧牲，以共皇天、上帝、社稷之饗。乃命同姓之邦，共寢廟之芻豢。命宰，歷卿大夫至于庶民，土田之數，而賦犧牲，以共山林名川之祀。凡在天下九州之民者，無不咸獻其力，以共皇天、上帝、社稷、寢廟、山林、名川之祀。

季冬行秋令，則白露蚤降，介蟲爲妖，四鄙入保。行春令，則胎夭多傷，國多固疾，命之曰逆。行夏令，則水潦敗國，時雪不降，冰凍消釋。

曾子問第七

曾子問曰：『君薨而世子生，如之何？』孔子曰：『卿、大夫、士從攝主，北面于西階南。大祝裨冕，執束帛，升自西階，盡等，不升堂，命毋哭。祝聲三，告曰：「某之子生，敢告。」升，奠幣于殯東几上，哭降。衆主人、卿、大夫、士、房中皆哭，不踴。盡一哀，反位。遂朝奠。小宰升，舉幣。三日，衆主人、卿、大夫、士如初位，北面。大宰、大宗、大祝皆裨冕，少師奉子以衰，祝先，子從，宰、宗人從。入門，哭者止，子升自西階，殯前北面，祝立于殯東南隅。祝聲三，曰：「某之子某，從執事敢見。」子拜稽顙，哭。祝、宰、宗人、衆主人、卿、大夫、士，哭踴，三者三，降東反位，皆袒。子踴，房中亦踴，三者三，襲衰杖。亦出。大宰命祝史，以名遍告于五祀山川。』

曾子問曰：『如已葬而世子生，則如之何？』孔子曰：『大宰、大宗從大祝而告于禰。三月，乃名于禰，以名遍告及社稷、宗廟、山川。』

孔子曰：『諸侯適天子，必告于祖，奠于禰。冕而出視朝。命祝史告于社稷、宗廟、山川。乃命國家五官而後行。道而出，告者五日而遍，過是非禮也。凡告用牲幣，反亦如之。諸侯相見，必告于禰。朝服而出視朝。命祝史告于五廟所過山川。亦命國家五官，道而出。反必親告于祖禰，乃命祝史告至于前所告者，而後聽朝而入。』

曾子問曰：『並有喪，如之何？何先何後？』孔子曰：『葬，先輕而後重；其奠也，先重而後輕：禮也。自啓及葬不奠。行葬不哀次，反葬，奠而後辭于殯，遂脩葬事。其虞也，先重而後輕，禮也。』孔子曰：『宗子雖七十，無無主婦。非宗子，雖無主婦可也。』

曾子問曰：『將冠子，冠者至，揖讓而入，聞齊衰，大功之喪，如之何？』孔子曰：『內喪則廢，外喪則冠而不醴，徹饌而埽，即位而哭。如冠者未至，則廢。如將冠子而未及期日，而有齊衰、大功、小功之喪，則因喪服而冠。』『除喪不改冠乎？』孔子曰：『天子賜諸侯、大夫冕弁，服于大廟，歸設奠，服賜服，于斯乎有冠醮，無冠醴。父没而冠，則已冠，埽地而祭于禰，已祭而見伯父、叔父，而後饗冠者。』

曾子問曰：『祭如之何則不行旅酬之事矣？』孔子曰：『聞之小祥者，主人練祭而不旅，奠酬于賓，賓弗舉，禮也。昔者魯昭公練而舉酬行旅，非禮也。孝公大祥，奠酬弗舉，亦非禮也。」

曾子問曰：「大功之喪，可以與于饋奠之事乎？」孔子曰：「豈大功耳，自斬衰以下皆可，禮也。」曾子曰：「不以輕服而重相爲乎？」孔子曰：「非此之謂也。天子、諸侯之喪，斬衰者奠。大夫齊衰者奠，士則朋友奠。不足則取于大功以下者，不足則反之。」曾子問曰：「小功可以與于祭乎？」孔子曰：「何必小功耳，自斬衰以下與祭，禮也。」曾子曰：「不以輕喪而重祭乎？」孔子曰：「天子、諸侯之喪祭也，不斬衰者不與祭。大夫，齊衰者與祭。士祭不足，則取于兄弟大功以下者。」曾子問曰：「相識，有喪服可以與于祭乎？」孔子曰：「緦不祭，又何助于人？」

曾子問曰：「廢喪服，可以與于饋奠之事乎？」孔子曰：「説衰與奠，非禮也。以擯相可也。」

曾子問曰：「昏禮既納幣，有吉日，女之父母死，則如之何？」孔子曰：「婿使人吊。如婿之父母死，則女之家亦使人吊。父喪稱父，母喪稱母。父母不在，則稱伯父世母。婿已葬，婿之伯父致命女氏曰：「某之子有父母之喪，不得嗣爲兄弟，使某致命。」女氏許諾而弗敢嫁，禮也。婿免喪，女之父母使人請，婿弗取而後嫁之，禮也。女之父母死，婿亦如之。』

曾子問曰：『親迎，女在塗，而婿之父母死，如之何？』孔子曰：『女改服，布深衣，縞總以趨喪。女在塗，而女之父母死，則女反。』『如婿親迎，女未至，而有齊衰大功之喪，則如之何？』孔子曰：『男不入，改服于外次。女入，改服于內次，然後即位而哭。』曾子問曰：『除喪則不復昏禮乎？』孔子曰：『祭，過時不祭，禮也。又何反于初？』孔子曰：『嫁女之家，三夜不息燭，思相離也。取婦之家，三日不舉樂，思嗣親也。三月而廟見，稱來婦也。擇日而祭于禰，成婦之義也。』曾子問曰：『女未廟見而死，則如之何？』孔子曰：『不遷于祖，不祔于皇姑，婿不杖、不菲、不次，歸葬于女氏之黨，示未成婦也。』曾子問曰：『取女有吉日而女死，如之何？』孔子曰：『婿齊衰而吊，既葬而除之。夫死亦如之。』

曾子問曰：『喪有二孤，廟有二主，禮與？』孔子曰：『天無二日，土無二王，嘗、禘、郊、社，尊無二上。未知其爲禮也。昔者齊桓公亟舉兵，作僞主以行。及反，藏諸祖廟。廟有二主，自桓公始也。喪之二孤，則昔者衛靈公適魯，遭季桓子之喪，衛君請吊，哀公辭，不得命，公爲主，客入吊。康子立于門右，北面。公揖讓，升自東階，西鄉。客升自西階吊。公拜興哭，康子拜稽顙于位，有司弗辯也。今之二孤，自季康子之過也。』

曾子問曰：『古者師行，必以遷廟主行乎？』孔子曰：『天子巡守，以遷廟主行，載于齊車，言必有尊也。今也取七廟之主以行，則失之矣。當七廟、五廟無虚主。虚主者，唯天子崩，諸侯薨，與去其國，與祫祭于祖，爲無主耳。吾聞諸老聃曰：「天子崩，國君薨，則祝取群廟之主而藏諸祖廟，禮也。卒哭成事，而後主各反其廟。君去其國，大宰取群廟之主以從，禮也。祫祭于祖，則祝迎四廟之主。主出廟入廟，必蹕。」老聃云。』曾子問曰：『古者師行無遷主，則何主？』孔子曰：『主命。』問曰：『何謂也？』孔子曰：『天子、諸侯將出，必以幣帛皮圭告于祖禰，遂奉以出，載于齊車以行。每舍，奠焉，而後就舍。反必告，設奠，卒，斂幣、玉，藏諸兩階之間，乃出。蓋貴命也。』

子游問曰：『喪慈母如母，禮與？』孔子曰：『非禮也。古者男子外有傅，内有慈母，君命所使教子也，何服之有？昔者魯昭公少喪其母，有慈母良，及其死也，公弗忍也，欲喪之。有司以聞，曰：「古之禮，慈母無服。今也君爲之服，是逆古之禮而亂國法也。若終行之，則有司將書之以遺後世。無乃不可乎！」公曰：「古者天子練冠以燕居。」公弗忍也，遂練冠以喪慈母。喪慈母自魯昭公始也。』

曾子問曰：『諸侯旅見天子，入門，不得終禮，廢者幾？』孔子曰：『四。』『請問之。』曰：『大廟火，日食，后之喪，雨沾服失容，則廢。如諸侯皆在而日食，則從天子救日，各以其方色與其兵。大廟火，則從天子救火，不以方色與兵。』曾子問曰：『諸侯相見，揖讓入門，不得終禮，廢者幾？』孔子曰：『六。』『請問之。』曰：『天子崩，大廟火，日食，后夫人之喪，雨沾服失容，則廢。』曾子問曰：『天子嘗、禘、郊、社五祀之祭，簠簋既陳，天子崩，后之喪，如之何？』孔子曰：『廢。』曾子問曰：『當祭而日食，大廟火，其祭也如之何？』孔子曰：『接祭而已矣。如牲至未殺，則廢。

禮記卷第十九

曾子問第七

天子崩，未殯，五祀之祭不行，既殯而祭。其祭也，尸入，三飯不侑，酳不酢而已矣。自啓至于反哭，五祀之祭不行，已葬而祭，祝畢獻而已。

曾子問曰：『諸侯之祭社稷，俎豆既陳，聞天子崩、后之喪、君薨、夫人之喪，如之何？』孔子曰：『廢。自薨比至于殯，自啓至于反哭，奉帥天子。』

曾子問曰：『大夫之祭，鼎俎既陳，籩豆既設，不得成禮，廢者幾？』孔子曰：『九。』『請問之。』曰：『天子崩、后之喪、君薨、夫人之喪、君之大廟火、日食、三年之喪、齊衰、大功，皆廢。外喪自齊衰以下，行也。其齊衰之祭也，尸入，三飯不侑，酳不酢而已矣。大功，酢而已矣。小功、緦，室中之事而已矣。士之所以異者，緦不祭。所祭，于死者無服，則祭。』

曾子問曰：『三年之喪，吊乎？』孔子曰：『三年之喪，練不群立，不旅行。君子禮以飾情，三年之喪而吊哭，不亦虚乎？』

曾子問曰：『大夫、士有私喪，可以除之矣。而有君服焉，其除之也如之何？』孔子曰：『有君喪服于身，不敢私服，又何除焉？于是乎有過時而弗除也。君之喪服除，而後殷祭，禮也。』

曾子問曰：『父母之喪，弗除可乎？』孔子曰：『先王制禮，過時弗舉，禮也。非弗能勿除也，患其過于制也。故君子過時不祭，禮也。』

曾子問曰：『君薨，既殯，而臣有父母之喪，則如之何？』孔子曰：『歸居于家，有殷事則之君所，朝夕否。』曰：『君既啓，而臣有父母之喪，則如之何？』孔子曰：『歸哭而反送君。』曰：『君未殯，而臣有父母之喪，則如之何？』孔子曰：『歸殯，反于君所，有殷事則歸，朝夕否。大夫室老行事，士則子孫行事。大夫内子，有殷事，亦之君所，朝夕否。』

賤不誄貴，幼不誄長，禮也。唯天子稱天以誄之。諸侯相誄，非禮也。

曾子問曰：『君出疆，以三年之戒，以椑從。君薨，其入如之何？』孔子曰：『共殯服，則子麻弁絰，疏衰菲杖。入自闕，升自西階。如小斂，則子免而從柩，入自門，升自阼階。君、大夫、士一節也。』

曾子問曰：『君之喪既引，聞父母之喪，如之何？』孔子曰：『遂既封而歸，不俟子。』

曾子問曰：『父母之喪既引，及塗，聞君薨，如之何？』孔子曰：『遂既封，改服而往。』

曾子問曰：『宗子爲士，庶子爲大夫，其祭也如之何？』孔子曰：『以上牲祭于宗子之家。祝曰：「孝子某，爲介子某薦其常事。」若宗子有罪，居于他國，庶子爲大夫，其祭也，祝曰：「孝子某，使介子某執其常事。」攝主不厭祭，不旅，不假，不綏祭，不配。布奠于賓，賓奠而不舉。不歸肉。其辭于賓曰：「宗兄、宗弟、宗子在他國，使某辭。」』曾子問曰：『宗子去在他國，庶子無爵而居者，可以祭乎？』孔子曰：『祭哉！』『請問其祭如之何？』孔子曰：『望墓而爲壇，以時祭。若宗子死，告于墓，而後祭于家。宗子死，稱名不言孝，身没而已。子游之徒，有庶子祭者以此，若義也。今之祭者，不首其義，故誣于祭也。』

曾子問曰：『祭必有尸乎？若厭祭亦可乎？』孔子曰：『祭成喪者必有尸，尸必以孫。孫幼，則使人抱之。無孫，則取于同姓可也。祭殤必厭，蓋弗成也。祭成喪而無尸，是殤之也。』孔子曰：『有陰厭，有陽厭。』曾子問曰：『殤不祔祭，何謂陰厭、陽厭？』孔子曰：『宗子爲殤而死，庶子弗爲後也。其吉祭特牲，祭殤不舉肺，無肵俎，無玄酒，不告利成，是謂陰厭。凡殤與無後者，祭于宗子之家，當室之白，尊于東房，是謂陽厭。』

曾子問曰：『葬引至于堩，日有食之，則有變乎？且不乎？』孔子曰：『昔者吾從老聃助葬于巷黨，及堩，日有食之，老聃曰：「丘！止柩，就道右，止哭以聽變。」既明反，而後行，曰：「禮也。」反葬，而丘問之曰：「夫柩不可以反者也，日有食之，不知其已之遲數，則豈如行哉？」老聃曰：「諸侯朝天子，見日而行，逮日而舍奠。大夫使，見日而行，逮日而舍。夫柩不蚤出，不莫宿。見星而行者，唯罪人與奔父母之喪者乎！日有食之，安知其不見星也？且君子行禮，不以人之親痁患。」吾聞諸老聃云。』

曾子問曰：「爲君使而卒于舍，禮曰：『公館復，私館不復。』凡所使之國，有司所授舍，則公館已，何謂私館不復也？」孔子曰：「善乎問之也！自卿、大夫、士之家曰私館，公館與公所爲曰公館。公館復，此之謂也。」

曾子問曰：「下殤土周，葬于園，遂輿機而往，塗邇故也。今墓遠，則其葬也如之何？」孔子曰：「吾聞諸老聃曰：『昔者史佚有子而死，下殤也，墓遠。召公謂之曰：「何以不棺斂于宫中？」史佚曰：「吾敢乎哉！」召公言于周公，周公曰：「豈，不可？」史佚行之。』下殤用棺衣棺，自史佚始也。」

曾子問曰：「卿、大夫將爲尸于公，受宿矣，而有齊衰内喪，則如之何？」孔子曰：「出舍于公館以待事，禮也。」孔子曰：「尸弁冕而出，卿、大夫、士皆下之，尸必式，必有前驅。」

子夏問曰：「三年之喪卒哭，金革之事無辟也者，禮與？初有司與？」孔子曰：「夏后氏三年之喪，既殯而致事，殷人既葬而致事。《記》曰：『君子不奪人之親，亦不可奪親也。』此之謂乎？」子夏曰：「金革之事無辟也者，非與？」孔子曰：

『吾聞諸老聃曰：「昔者魯公伯禽有爲爲之也。今以三年之喪從其利者，吾弗知也。」』

文王世子第八

文王之爲世子，朝于王季日三。鷄初鳴而衣服，至于寢門外，問内豎之御者曰：『今日安否何如？』内豎曰：『安。』文王乃喜。及日中，又至，亦如之。及莫，又至，亦如之。其有不安節，則内豎以告文王，文王色憂，行不能正履。王季復膳，然後亦復初。食上，必在，視寒暖之節。食下，問所膳，命膳宰曰：『末有原。』應曰：『諾。』然後退。

武王帥而行之，不敢有加焉。文王有疾，武王不説冠帶而養。文王一飯亦一飯，文王再飯亦再飯。旬有二日乃間。

文王謂武王曰：『女何夢矣？』武王對曰：『夢帝與我九齡。』文王曰：『女以爲何也？』武王曰：『西方有九國焉，君王其終撫諸？』文王曰：『非也。古者謂年齡，齒亦齡也。我百，爾九十，吾與爾三焉。』文王九十七乃終，武王九十三而終。

成王幼，不能莅阼，周公相，踐阼而治。抗世子法于伯禽，欲令成王之知父子、君臣、長幼之道也。成王有過，則撻伯禽，所以示成王世子之道也。文王之爲世子也。

凡學世子及學士必時，春夏學干戈，秋冬學羽籥，皆于東序。小樂正學干，大胥贊之。籥師學戈，籥師丞贊之。胥鼓《南》。春誦夏弦，大師詔之。瞽宗秋學《禮》，執禮者詔之。冬讀《書》，典書者詔之。《禮》在瞽宗，《書》在上庠。

凡祭與養老乞言，合語之禮，皆小樂正詔之于東序。大樂正學舞干戚，語說，命乞言，皆大樂正授數。大司成論說在東序。

凡侍坐于大司成者，遠近間三席，可以問。終則負墻，列事未盡不問。

凡學，春官釋奠于其先師，秋冬亦如之。凡始立學者，必釋奠于先聖先師。及行事，必以幣。凡釋奠者，必有合也，有國故則否。凡大合樂，必遂養老。

凡語于郊者，必取賢斂才焉。或以德進，或以事舉，或以言揚。曲藝皆誓之，以待又語。三而一有焉，乃進其等，以其序，謂之郊人，遠之。于成均，以及取爵于上尊也。

始立學者，既興器用幣，然後釋菜。不舞，不授器。乃退，儐于東序，一獻，無介語可也。

教世子。凡三王教世子，必以禮樂。樂，所以脩内也；禮，所以脩外也。禮樂交錯于中，發形于外，是故其成也懌，恭敬而温文。立大傅、少傅以養之，欲其知父子、君臣之道也。大傅審父子、君臣之道以示之，少傅奉世子以觀大傅之德行而審喻之。大傅在前，少傅在後。入則有保，出則有師，是以教喻而德成也。師也者，教之以事而喻諸德者也。保也者，慎其身以輔翼之而歸諸道者也。《記》曰：『虞夏商周，有師保，有疑丞。設四輔及三公。不必備，唯其人。』語使能也。君子曰德，德成而教尊，教尊而官正，官正而國治，君之謂也。

仲尼曰：『昔者周公攝政，踐阼而治，抗世子法于伯禽，所以善成王也。聞之曰：「爲人臣者，殺其身有益于君，則爲之。」况于其身以善其君乎？周公優爲之。』是故知爲人子，然後可以爲人父；知爲人臣，然後可以爲人君；知事人，然後能使人。成王幼，不能莅阼，以爲世子，則無爲也。是故抗世子法于伯禽，使之與成王居，欲令成王之知父子、君臣、長幼之義也。君之于世子也，親則父也，尊則君也。有父之親，有君之尊，然後兼天下而有之。是故養世子不可不慎也。

行一物而三善皆得者，唯世子而已。其齒于學之謂也。故世子齒于學，國人觀之，曰：『將君我而與我齒讓，何也？』曰：『有父在則禮然。』然而衆知父子之道矣。其二曰：『將君我而與我齒讓，何也？』曰：『有君在則禮然。』然而衆著于君臣之義也。其三曰：『將君我而與我齒讓，何也？』曰：『長長也。』然而衆知長幼之節矣。故父在斯爲子，君在斯謂之臣。居子與臣之節，所以尊君親親也。故學之爲父子焉，學之爲君臣焉，學之爲長幼焉，父子、君臣、長幼之道得而國治。語曰：『樂正司業，父師司成，一有元良，萬國以貞。』世子之謂也。周公踐阼。

庶子之正于公族者，教之以孝弟、睦友、子愛，明父子之義、長幼之序。其朝于公，内朝則東面北上，臣有貴者以齒。其在外朝，則以官，司士爲之。其在宗廟之中，則如外朝之位，宗人授事，以爵以官。其登餕、獻、受爵，則以上嗣。

庶子治之，雖有三命，不逾父兄。其公大事，則以其喪服之精粗爲序，雖于公族之喪亦如之，以次主人。若公與族燕，則異姓爲賓，膳宰爲主人，公與父兄齒。族食，世降一等。

其在軍，則守于公禰。公若有出疆之政，庶子以公族之無事者守于公宮，正室守大廟，諸父守貴宮貴室，諸子諸孫守下宮下室。

五廟之孫，祖廟未毁，雖爲庶人，冠、取妻必告，死必赴，練、祥則告。族之相爲也，宜弔不弔，宜免不免，有司罰之。至于賵、賻、承、含，皆有正焉。

公族其有死罪，則磬于甸人。其刑罪，則纖剸，亦告于甸人。公族無宫刑。獄成，有司讞于公。其死罪，則曰：『某之罪在大辟。』其刑罪，則曰：『某之罪在小辟。』公曰：『宥之。』有司又曰：『在辟。』公又曰：『宥之。』有司又曰：『在辟。』及三宥，不對，走出，致刑于甸人。公又使人追之曰：『雖然，必赦之。』有司對曰：『無及也。』反命于公。公素服不舉，爲之變，如其倫之喪，無服，親哭之。

公族朝于内朝，内親也。雖有貴者以齒，明父子也。外朝以官，體異姓也。宗廟之中，以爵爲位，崇德也。宗人授事以官，尊賢也。登餕、受爵以上嗣，尊祖之道也。喪紀以服之輕重爲序，不奪人親也。公與族燕則以齒，而孝弟之道達矣。其族食世降一等，親親之殺也。戰則守于公禰，孝愛之深也。正室守大廟，尊宗室，而君臣之道著矣。諸父諸兄守貴室，子弟守下室，而讓道達矣。

五廟之孫，祖廟未毀，雖及庶人，冠、取妻必告，死必赴，不忘親也。親未絶而列于庶人，賤無能也。敬吊、臨、賻、賵，睦友之道也。古者庶子之官治而邦國有倫，邦國有倫而衆鄉方矣。公族之罪雖親，不以犯有司正術也，所以體百姓也。刑于隱者，不與國人慮兄弟也。弗吊，弗爲服，哭于異姓之廟，爲忝祖，遠之也。素服居外，不聽樂，私喪之也，骨肉之親無絶也。公族無宫刑，不翦其類也。

天子視學，大昕鼓徵，所以警衆也。衆至，然後天子至，乃命有司行事，興秩節，祭先師、先聖焉。有司卒事反命。始之養也。適東序，釋奠于先老，遂設三老、五更、群老之席位焉。適饌省醴，養老之珍具，遂發咏焉。退脩之，以孝養也。反，登歌《清廟》，既歌而語，以成之也。言父子、君臣、長幼之道，合德音之致，禮之大者也。下管《象》，舞《大武》。大合衆以事，達有神，興有德也。正君臣之位、貴賤之等焉，而上下之義行矣。有司告以樂闋，王乃命公、侯、伯、子、男及群吏，曰：『反，養老幼于東序。』終之以仁也。

是故聖人之記事也，慮之以大，愛之以敬，行之以禮，脩之以孝養，紀之以義，終之以仁。

是故古之人一舉事而衆皆知其德之備也。古之君子，舉大事必慎其終始，而衆安得不喻焉？《兑命》曰：『念終始典于學。』

《世子之記》曰：朝夕至于大寢之門外，問于内豎曰：『今日安否何如？』内豎曰：『今日安。』世子乃有喜色。其有不安節，則内豎以告世子，世子色憂不滿容。内豎言『復初』，然後亦復初。朝夕之食上，世子必在，視寒暖之節。食下，問所膳。羞必知所進，以命膳宰，然後退。若内豎言『疾』，則世子親齊玄而養。膳宰之饌，必敬視之。疾之藥，必親嘗之。嘗饌善，則世子亦能食。嘗饌寡，世子亦不能飽。以至于復初，然後亦復初。

禮記卷第二十一

禮運第九

昔者仲尼與于蜡賓，事畢，出游于觀之上，喟然而嘆。仲尼之嘆，蓋嘆魯也。言偃在側，曰：『君子何嘆？』孔子曰：『大道之行也，與三代之英，丘未之逮也，而有志焉。

『大道之行也，天下爲公，選賢與能，講信脩睦。故人不獨親其親，不獨子其子，使老有所終，壯有所用，幼有所長，矜寡孤獨廢疾者，皆有所養。男有分，女有歸。貨惡其弃于地也，不必藏于己，力惡其不出于身也，不必爲己。是故謀閉而不興，盜竊亂賊而不作。故外户而不閉，是謂大同。

『今大道既隱，天下爲家，各親其親，各子其子，貨力爲己。大人世及以爲禮，城郭溝池以爲固。禮義以爲紀，以正君臣，以篤父子，以睦兄弟，以和夫婦，以設制度，以立田里，以賢勇知，以功爲己。故謀用是作，而兵由此起。禹、湯、文、武、成王、周公，由此其選也。此六君子者，未有不謹于禮者也。以著其義，以考其信，著有過，刑仁講讓，示民有常。如有不由此者，在埶者去，衆以爲殃。是謂小康。』

言偃復問曰：『如此乎禮之急也？』孔子曰：『夫禮，先王以承天之道，以治人之情。故失之者死，得之者生。《詩》曰：「相鼠有體，人而無禮。人而無禮，胡不遄死？」是故夫禮必本于天，殽于地，列于鬼神，達于喪、祭、射、御、冠、昏、朝、聘。故聖人以禮示之，故天下國家可得而正也。』

言偃復問曰：『夫子之極言禮也，可得而聞與？』孔子曰：『我欲觀夏道，是故之杞，而不足徵也。吾得《夏時》焉。我欲觀殷道，是故之宋，而不足徵也。吾得《坤乾》焉。《坤乾》之義，《夏時》之等，吾以是觀之。

『夫禮之初，始諸飲食，其燔黍捭豚，污尊而抔飲，蕢桴而土鼓，猶若可以致其敬于鬼神。及其死也，升屋而號，告曰：「皋某復！」然後飯腥而苴孰。故天望而地藏也。體魄則降，知氣在上，故死者北首，生者南鄉，皆從其初。

『昔者先王未有宮室，冬則居營窟，夏則居橧巢。未有火化，食草木之實、鳥獸之肉，飲其血，茹其毛。未有麻絲，衣其羽皮。後聖有作，然後脩火之利，范金合土，以爲臺榭、宮室、牖户。以炮以燔，以亨以炙，以爲醴酪。治其麻絲，以爲布帛，以養生送死，以事鬼神上帝，皆從其朔。

『故玄酒在室，醴盞在户，粢醍在堂，澄酒在下。陳其犧牲，備其鼎俎，列其琴、瑟、管、磬、鍾、鼓，脩其祝、嘏，以降上神與其先祖，以正君臣，以篤父子，以睦兄弟，以齊上下，夫婦有所，是謂承天之祜。

『作其祝號，玄酒以祭，薦其血毛，腥其俎，孰其殽，與其越席，疏布以冪，衣其浣帛，醴盞以獻，薦其燔炙。君與夫人交獻，以嘉魂魄，是謂合莫。然後退而合亨，體其犬豕牛羊，實其簠、簋、籩、豆、鉶、羹。祝以孝告，嘏以慈告，是謂大祥。此禮之大成也。』

孔子曰：『於呼哀哉！我觀周道，幽、厲傷之，吾捨魯，何適矣！魯之郊，禘，非禮也，周公其衰矣！杞之郊也，禹也；宋之郊也，契也，是天子之事守也。故天子祭天地，諸侯祭社稷。祝嘏莫敢易其常古，是謂大假。

『祝嘏辭説，藏于宗祝巫史，非禮也，是謂幽國。盞、斝及尸君，非禮也，是謂僭君。冕弁兵革藏于私家，非禮也，是謂脅君。大夫具官，祭器不假，聲樂皆具，非禮也，是謂亂國。

『故仕于公曰臣，仕于家曰僕。三年之喪，與新有昏者，期不使。以衰裳入朝，與家僕雜居齊齒，非禮也。是謂君與臣同國。

『故天子有田以處其子孫，諸侯有國以處其子孫，大夫有采以處其子孫，是謂制度。故天子適諸侯，必舍其祖廟，而不以禮籍入，是謂天子壞法亂紀。諸侯非問疾吊喪而入諸臣之家，是謂君臣爲謔。

『是故禮者，君之大柄也，所以別嫌明微，儐鬼神，考制度，別仁義，所以治政安君也。故政不正，則君位危；君位危，則大臣倍，小臣竊。刑肅而俗敝，則法無常；法無常，而禮無列；禮無列，則士不事也。刑肅而俗敝，則民弗歸也，是謂疵國。

『故政者君之所以藏身也。是故夫政必本于天，殽以降命。命降于社之謂殽地，降于祖廟之謂仁義，降于山川之謂興作，降于五祀之謂制度。此聖人所以藏身之固也。

禮記卷第二十二

禮運第九

『故聖人參于天地，並于鬼神，以治政也。處其所存，禮之序也；玩其所樂，民之治也。故天生時而地生財，人，其父生而師教之。四者君以正用之，故君者，立于無過之地也。

『故君者所明也，非明人者也。君者所養也，非養人者也。君者所事也，非事人者也。故君明人則有過，養人則不足，事人則失位。故百姓則君以自治也，養君以自安也，事君以自顯也。故禮達而分定，故人皆愛其死而患其生。

『故用人之知去其詐，用人之勇去其怒，用人之仁去其貪。故國有患，君死社稷謂之義，大夫死宗廟謂之變。故聖人耐以天下爲一家，以中國爲一人者，非意之也，必知其情，辟于其義，明于其利，達于其患，然後能爲之。

『何謂人情？喜怒哀懼愛惡欲，七者弗學而能。何謂人義？父慈、子孝、兄良、弟弟、夫義、婦聽、長惠、幼順、君仁、臣忠，十者謂之人義。講信脩睦，謂之人利。

争奪相殺，謂之人患。故聖人之所以治人七情，脩十義，講信脩睦，尚辭讓，去争奪，捨禮何以治之？飲食男女，人之大欲存焉。死亡貧苦，人之大惡存焉。故欲惡者，心之大端也。人藏其心，不可測度也。美惡皆在其心，不見其色也。欲一以窮之，捨禮何以哉！

『故人者，其天地之德，陰陽之交，鬼神之會，五行之秀氣也。故天秉陽，垂日星；地秉陰，竅于山川。播五行于四時，和而後月生也。是以三五而盈，三五而闕。五行之動，迭相竭也。五行、四時、十二月，還相爲本也；五聲、六律、十二管，還相爲宮也；五味、六和、十二食，還相爲質也；五色、六章、十二衣，還相爲質也。

『故人者，天地之心也，五行之端也，食味、别聲、被色而生者也。故聖人作則，必以天地爲本，以陰陽爲端，以四時爲柄，以日星爲紀，月以爲量，鬼神以爲徒，五行以爲質，禮義以爲器，人情以爲田，四靈以爲畜。以天地爲本，故物可舉也。以陰陽爲端，故情可睹也。以四時爲柄，故事可勸也。以日星爲紀，故事可列也。月以爲量，故功有藝也。鬼神以爲徒，故事有守也。五行以爲質，故事可復也。禮義以爲器，故事行有考也。人情以爲田，故人以爲奥也。四靈以爲畜，故飲食有由也。

『何謂四靈？』麟、鳳、龜、龍謂之四靈。故龍以爲畜，故魚鮪不淰；鳳以爲畜，故鳥不獝；麟以爲畜，故獸不狘；龜以爲畜，故人情不失。故先王秉蓍龜，列祭祀，瘞繒，宣祝嘏辭説，設制度。故國有禮，官有御，事有職，禮有序。故先王患禮之不達于下也。

『故祭帝于郊，所以定天位也；祀社于國，所以列地利也；祖廟，所以本仁也；山川，所以儐鬼神也；五祀，所以本事也。故宗祝在廟，三公在朝，三老在學。王前巫而後史，卜筮瞽侑皆在左右，王中心無爲也，以守至正。

『故禮行于郊，而百神受職焉。禮行于社，而百貨可極焉。禮行于祖廟，而孝慈服焉。禮行于五祀，而正法則焉。故自郊社、祖廟、山川、五祀，義之脩而禮之藏也。是故夫禮，必本于大一，分而爲天地，轉而爲陰陽，變而爲四時，列而爲鬼神。其降曰命，其官于天也。

『夫禮必本于天，動而之地，列而之事，變而從時，協于分藝，其居人也曰養，其行之以貨力、辭讓、飲食、冠、昏、喪、祭、射、御、朝、聘。

『故禮義也者，人之大端也，所以講信脩睦而固人之肌膚之會、筋骸之束也。所以養生送死，事鬼神之大端也。所以達天道，順人情之大竇也。故唯聖人爲知禮之不可以已也，故壞國、喪家、亡人，必先去其禮。

『故禮之于人也，猶酒之有糵也，君子以厚，小人以薄。

『故聖王脩義之柄、禮之序，以治人情。故人情者，聖王之田也。脩禮以耕之，陳義以種之，講學以耨之，本仁以聚之，播樂以安之。故禮也者，義之實也。協諸義而協。則禮雖先王未之有，可以義起也。義者，藝之分、仁之節也。協于藝，講于仁，得之者强。仁者，義之本也，順之體也，得之者尊。

『故治國不以禮，猶無耜而耕也；爲禮不本于義，猶耕而弗種也；爲義而不講之以學，猶種而弗耨也；講之于學而不合之以仁，猶耨而弗穫也；合之以仁而不安之以樂，猶穫而弗食也；安之以樂而不達于順，猶食而弗肥也。四體既正，膚革充盈，人之肥也。父子篤，兄弟睦，夫婦和，家之肥也。大臣法，小臣廉，官職相序，君臣相正，國之肥也。天子以德爲車，以樂爲御，諸侯以禮相與，大夫以法相序，士以信相考，百姓以睦相守，天下之肥也。是謂大順。大順者，所以養生、送死、事鬼神之常也。故事大積焉而不苑，並行而不繆，細行而不失。深而通，茂而有間。連而不相及也，動而不相害也，此順之至也。故明于順，然後能守危也。

『故禮之不同也，不豐也，不殺也，所以持情而合危也。故聖王所以順，山者不使居川，不使渚者居中原，而弗敝也。用水、火、金、木、飲食必時。合男女，頒爵位，必當年德。用民必順。故無水旱昆蟲之災，民無凶饑妖孽之疾。故天不愛其道，地不愛其寶，人不愛其情。故天降膏露，地出醴泉，山出器車，河出馬圖，鳳凰麒麟皆在郊棷，龜龍在宮沼，其餘鳥獸之卵胎，皆可俯而窺也。則是無故，先王能脩禮以達義，體信以達順，故此順之實也。』

禮記卷第二十三

禮器第十

禮器，是故大備。大備，盛德也。禮，釋回，增美質，措則正，施則行。其在人也，如竹箭之有筠也，如松柏之有心也。二者居天下之大端矣。故貫四時而不改柯易葉。故君子有禮，則外諧而内無怨。故物無不懷仁，鬼神饗德。

先王之立禮也，有本有文。忠信，禮之本也；義理，禮之文也。無本不立，無文不行。禮也者，合于天時，設于地財，順于鬼神，合于人心，理萬物者也。是故天時有生也，地理有宜也，人官有能也，物曲有利也。故天不生，地不養，君子不以爲禮，鬼神弗饗也。居山以魚鼈爲禮，居澤以鹿豕爲禮，君子謂之不知禮。故必舉其定國之數，以爲禮之大經。禮之大倫，以地廣狹。禮之薄厚，與年之上下。是故年雖大殺，衆不匡懼，則上之制禮也節矣。

禮，時爲大，順次之，體次之，宜次之，稱次之。堯授舜，舜授禹，湯放桀，武王伐紂，時也。《詩》云：『匪革其猶，聿追來孝。』天地之祭，宗廟之事，父子之道，君臣之義，倫也。社稷山川之事，鬼神之祭，體也。喪祭之用，賓客之交，義也。羔豚而祭，百官皆足，大牢而祭，不必有餘，此之謂稱也。

諸侯以龜爲寶，以圭爲瑞。家不寶龜，不藏圭，不臺門，言有稱也。

禮有以多爲貴者。天子七廟，諸侯五，大夫三，士一。天子之豆二十有六，諸公十有六，諸侯十有二，上大夫八，下大夫六。諸侯七介七牢，大夫五介五牢。天子之席五重，諸侯之席三重，大夫再重。天子崩，七月而葬，五重八翣；諸侯五月而葬，三重六翣；大夫三月而葬，再重四翣。此以多爲貴也。有以少爲貴者。天子無介，祭天特牲。天子適諸侯，諸侯膳以犢。諸侯相朝，灌用鬱鬯，無籩豆之薦。大夫聘禮以脯醢。天子一食，諸侯再，大夫、士三，食力無數。大路繁纓一就，次路繁纓七就，圭璋特，琥璜爵。鬼神之祭單席。諸侯視朝，大夫特，士旅之。此以少爲貴也。

有以大爲貴者。宫室之量，器皿之度，棺椁之厚，丘封之大。此以大爲貴也。有以小爲貴者。宗廟之祭，貴者獻以爵，賤者獻以散，尊者舉觶，卑者舉角。五獻之尊，門外缶，門内壺，君尊瓦甒。此以小爲貴也。

有以高爲貴者。天子之堂九尺，諸侯七尺，大夫五尺，士三尺。天子、諸侯臺門。此以高爲貴也。有以下爲貴者。至敬不壇，埽地而祭。天子、諸侯之尊廢禁，大夫、士棜禁。此以下爲貴也。

禮有以文爲貴者。天子龍衮，諸侯黼，大夫黻，士玄衣纁裳。天子之冕，朱緑藻，十有二旒，諸侯九，上大夫七，下大夫五，士三。此以文爲貴也。有以素爲貴者。至敬無文，父黨無容，大圭不琢，大羹不和，大路素而越席，犧尊疏布鼏，樿杓。此以素爲貴也。

孔子曰：『禮不可不省也。禮不同、不豐、不殺。』此之謂也。蓋言稱也。

禮之以多爲貴者，以其外心者也。德發揚，詡萬物，大理物博，如此，則得不以多爲貴乎？故君子樂其發也。禮之以少爲貴者，以其内心者也。德産之致也精微，觀天子之物無可以稱其德者，如此，則得不以少爲貴乎？是故君子慎其獨也。古之聖人，内之爲尊，外之爲樂，少之爲貴，多之爲美。是故先生之制禮也，不可多也，不可寡也，唯其稱也。

是故君子大牢而祭謂之禮，匹士大牢而祭謂之攘。管仲鏤簋朱紘，山節藻梲，君子以爲濫矣。晏平仲祀其先人，豚肩不揜豆，浣衣濯冠以朝，君子以爲隘矣。是故君子之行禮也，不可不慎也。衆之紀也，紀散而衆亂。

孔子曰：「我戰則克，祭則受福。蓋得其道矣。」

君子曰：「祭祀不祈，不麾蚤，不樂葆大，不善嘉事，牲不及肥大，薦不美多品。」

孔子曰：「臧文仲安知禮！夏父弗綦逆祀而弗止也。燔柴于奧。夫奧者，老婦之祭也，盛于盆，尊于瓶。」

禮也者，猶體也。體不備，君子謂之不成人。設之不當，猶不備也。禮有大有小，有顯有微。大者不可損，小者不可益，顯者不可揜，微者不可大也。故《經禮》三百，《曲禮》三千，其致一也。未有入室而不由户者。

君子之于禮也，有所竭情盡慎，致其敬而誠若，有美而文而誠若。

君子之于禮也，有直而行也，有曲而殺也，有經而等也，有順而討也，有摲而播也，有推而進也，有放而文也，有放而不致也，有順而摭也。三代之禮一也，民共由之，或素或青，夏造殷因。

禮記卷第二十四

禮器第十

周坐尸，詔侑武方，其禮亦然，其道一也。夏立尸而卒祭。殷坐尸。周旅酬六尸。曾子曰：『周禮其猶醵與？』

君子曰：禮之近人情者，非其至者也。郊血，大饗腥，三獻爓，一獻孰。是故君子之于禮也，非作而致其情也，此有由始也。是故七介以相見也，不然則已慤。三辭三讓而至，不然則已蹙。故魯人將有事于上帝，必先有事于頖宮；晋人將有事于河，必先有事于惡池；齊人將有事于泰山，必先有事于配林。三月繫，七日戒，三日宿，慎之至也。故禮有擯詔，樂有相步，温之至也。

禮也者，反本脩古，不忘其初者也。故凶事不詔，朝事以樂。醴酒之用，玄酒之尚，割刀之用，鸞刀之貴，莞簟之安，而稿鞂之設。是故先王之制禮也，必有主也，故可述而多學也。

君子曰：『無節于内者，觀物弗之察矣。欲察物而不由禮，弗之得矣。故作事不以禮，弗之敬矣。出言不以禮，弗之信矣。故曰：禮也者，物之致也。』

是故昔先王之制禮也，因其財物而致其義焉爾。故作大事必順天時，爲朝夕必放于日月，爲高必因丘陵，爲下必因川澤。是故天時雨澤，君子達亹亹焉。

是故昔先王尚有德，尊有道，任有能，舉賢而置之，聚衆而誓之。是故因天事天，因地事地，因名山升中于天，因吉土以饗帝于郊。升中于天，而鳳凰降，龜龍假。饗帝于郊，而風雨寒暑時。是故聖人南面而立，而天下大治。

天道至教，聖人至德。廟堂之上，罍尊在阼，犧尊在西。廟堂之下，縣鼓在西，應鼓在東。君在阼，夫人在房。大明生于東，月生于西，此陰陽之分，夫婦之位也。君西酌犧象，夫人東酌罍尊。禮交動乎上，樂交應乎下，和之至也。

禮也者，反其所自生。樂也者，樂其所自成。是故先王之制禮也以節事，脩樂以道志。故觀其禮樂而治亂可知也。蘧伯玉曰：『君子之人達。』故觀其器而知其工之巧，觀其發而知其人之知。故曰：君子慎其所以與人者。

太廟之內敬矣！君親牽牲，大夫贊幣而從。君親制祭，夫人薦盎。君親割牲，夫人薦酒。卿大夫從君，命婦從夫人。洞洞乎其敬也，屬屬乎其忠也，勿勿乎其欲其饗之也。納牲詔于庭，血毛詔于室，羹定詔于堂，三詔皆不同位，蓋道求而未之得也。設祭于堂，爲祊乎外，故曰：于彼乎？于此乎？

一獻質，三獻文，五獻察，七獻神。大饗，其王事與？三牲、魚、腊，四海九州之美味也。籩、豆之薦，四時之和氣也。內金，示和也。束帛加璧，尊德也。龜爲前列，先知也。金次之，見情也。丹、漆、絲、纊、竹、箭，與衆共財也。其餘無常貨，各以其國之所有，則致遠物也。其出也，《肆夏》而送之，蓋重禮也。

祀帝于郊，敬之至也。宗廟之祭，仁之至也。喪禮，忠之至也。備服器，仁之至也。賓客之用幣，義之至也。故君子欲觀仁義之道，禮其本也。

君子曰：「甘受和，白受采，忠信之人可以學禮。苟無忠信之人，則禮不虛道。是以得其人之爲貴也。」

孔子曰：「誦《詩》三百，不足以一獻。一獻之禮，不足以大饗。大饗之禮，不足以大旅。大旅具矣，不足以饗帝。毋輕議禮。」

子路爲季氏宰。季氏祭，逮闇而祭，日不足，繼之以燭。雖有强力之容、肅敬之心，皆倦怠矣。有司跛倚以臨祭，其爲不敬大矣。他日祭，子路與，室事交乎户，堂事交乎階，質明而始行事，晏朝而退。孔子聞之，曰：『誰謂由也而不知禮乎？』

禮記卷第二十五

郊特牲第十一

郊特牲而社稷大牢。天子適諸侯，諸侯膳用犢。諸侯適天子，天子賜之禮大牢。貴誠之義也。故天子牲孕弗食也，祭帝弗用也。大路繁纓一就，先路三就，次路五就。郊血，大饗腥，三獻爓，一獻孰。至敬不饗味而貴氣臭也。諸侯爲賓，灌用鬱鬯，灌用臭也。大饗尚腶脩而已矣。

大饗，君三重席而酢焉。三獻之介，君專席而酢焉。此降尊以就卑也。

饗禘有樂，而食、嘗無樂，陰陽之義也。凡飲，養陽氣也。凡食，養陰氣也。故春禘而秋嘗，春饗孤子，秋食耆老，其義一也。而食、嘗無樂。飲，養陽氣也，故有樂。食，養陰氣也，故無聲。凡聲，陽也。

鼎俎奇而籩豆偶，陰陽之義也。籩、豆之實，水土之品也。不敢用褻味而貴多品，所以交于旦明之義也。

賓入大門而奏《肆夏》，示易以敬也。卒爵而樂闋，孔子屢嘆之。奠酬而工升歌，發德也。歌者在上，匏竹在下，貴人聲也。樂由陽來者也，禮由陰作者也，陰陽和而萬物得。

旅幣無方，所以別土地之宜而節遠邇之期也。龜爲前列，先知也，以鍾次之，以和居參之也。虎豹之皮，示服猛也。束帛加璧，往德也。

庭燎之百，由齊桓公始也。大夫之奏《肆夏》也，由趙文子始也。

朝覲，大夫之私覿，非禮也。大夫執圭而使，所以申信也。不敢私覿，所以致敬也。而庭實私覿，何爲乎諸侯之庭？爲人臣者無外交，不敢貳君也。

大夫而饗君，非禮也。大夫强而君殺之，義也，由三桓始也。天子無客禮，莫敢爲主焉。君適其臣，升自阼階，不敢有其室也。覲禮，天子不下堂而見諸侯。下堂而見諸侯，天子之失禮也，由夷王以下。

諸侯之宫縣，而祭以白牡，擊玉磬、朱干設錫，冕而舞《大武》，乘大路，諸侯之僭禮也。臺門而旅樹，反坫，綉黼丹朱中衣，大夫之僭禮也。故天子微，諸侯僭，大夫强，諸侯脅。于此相貴以等，相覿以貨，相賂以利，而天下之禮亂矣。諸侯不敢祖天子，大夫不敢祖諸侯。而公廟之設于私家，非禮也，由三桓始也。

天子存二代之後，猶尊賢也。尊賢不過二代。

諸侯不臣寓公，故古者寓公不繼世。

君之南鄉，答陽之義也。臣之北面，答君也。大夫之臣不稽首，非尊家臣，以辟君也。大夫有獻弗親，君有賜不面拜，爲君之答己也。

鄉人禓，孔子朝服立于阼，存室神也。

孔子曰：『射之以樂也，何以聽，何以射？』孔子曰：『士使之射，不能則辭以疾。縣弧之義也。』

孔子曰：『三日齊，一日用之，猶恐不敬。二日伐鼓，何居？』

孔子曰：『繹之于庫門内，祊之于東方，朝市之于西方，失之矣。』

社祭土而主陰氣也。君南鄉于北墉下，答陰之義也。日用甲，用日之始也。

天子大社，必受霜露風雨，以達天地之氣也。是故喪國之社屋之，不受天陽也。薄社北牖，使陰明也。社，所以神地之道也。地載萬物，天垂象，取財于地，取法于天，是以尊天而親地也，故教民美報焉。家主中霤而國主社，示本也。唯爲社事，單出里。唯爲社田，國人畢作。唯社，丘乘共粢盛，所以報本反始也。

季春出火，爲焚也。然後簡其車賦，而歷其卒伍，而君親誓社，以習軍旅。左之右之，坐之起之，以觀其習變也。而流示之禽，而鹽諸利，以觀其不犯命也。求服其志，不貪其得。故以戰則克，以祭則受福。天子適四方，先柴。

禮記卷第二十六

郊特牲第十一

郊之祭也，迎長日之至也，大報天而主日也。兆于南郊，就陽位也。埽地而祭，于其質也。器用陶匏，以象天地之性也。于郊，故謂之郊。牲用騂，尚赤也。用犢，貴誠也。郊之用辛也，周之始郊，日以至。

卜郊，受命于祖廟，作龜于禰宮，尊祖親考之義也。卜之日，王立于澤，親聽誓命，受教諫之義也。

獻命庫門之内，戒百官也。大廟之命，戒百姓也。祭之日，王皮弁以聽祭報，示民嚴上也。

喪者不哭，不敢凶服，氾埽反道，鄉爲田燭。弗命而民聽上。

祭之日，王被衮以象天，戴冕璪十有二旒，則天數也。乘素車，貴其質也。旂十有二旒，龍章而設日月，以象天也。天垂象，聖人則之，郊所以明天道也。

帝牛不吉，以爲稷牛。帝牛必在滌三月，稷牛唯具。所以别事天神與人鬼也。

萬物本乎天，人本乎祖，此所以配上帝也。郊之祭也，大報本反始也。

天子大蜡八。伊耆氏始爲蜡。蜡也者，索也，歲十二月，合聚萬物而索饗之也。蜡之祭也，主先嗇而祭司嗇也。祭百種以報嗇也。

饗農及郵表畷、禽獸，仁之至，義之盡也。古之君子，使之必報之。迎猫，爲其食田鼠也。迎虎，爲其食田豕也。迎而祭之也。祭坊與水庸，事也。

曰：『土反其宅，水歸其壑，昆蟲毋作，草木歸其澤。』

皮弁素服而祭。素服，以送終也。葛帶、榛杖，喪殺也。蜡之祭，仁之至、義之盡也。黄衣、黄冠而祭，息田夫也。野夫黄冠。黄冠，草服也。

大羅氏，天子之掌鳥獸者也，諸侯貢屬焉。草笠而至，尊野服也。羅氏致鹿與女，而詔客告也，以戒諸侯曰：『好田、好女者亡其國。』天子樹瓜華，不斂藏之種也。』

八蜡以記四方。四方年不順成，八蜡不通，以謹民財也。順成之方，其蜡乃通，以移民也。既蜡而收，民息已。故既蜡，君子不興功。

恒豆之菹，水草之和氣也。其醢，陸産之物也。加豆，陸産也。其醢，水物也。籩豆之薦，水土之品也。不敢用常褻味而貴多品，所以交于神明之義也，非食味之道也。先王之薦，可食也，而不可耆也。卷冕、路車，可陳也，而不可好也。《武》壯，而不可樂也。宗廟之威，而不可安也。宗廟之器，可用也，而不可便其利也，所以交于神明者，不可以同于所安樂之義也。酒醴之美，玄酒、明水之尚，貴五味之本也。黼黻、文綉之美，疏布之尚，反女功之始也。莞簟之安，而蒲越、槁鞂之尚，明之也。大羹不和，貴其質也。大圭不琢，美其質也。丹漆雕幾之美，素車之乘，尊其樸也。貴其質而已矣。所以交于神明者，不可同于所安褻之甚也。如是而後宜。鼎、俎奇而籩、豆偶，陰陽之義也。黄目，鬱氣之上尊也。黄者，中也。目者，氣之清明者也。言酌于中而清明于外也，祭天，掃地而祭焉，于其質而已矣。醯醢之美，而煎鹽之尚，貴天産也。割刀之用，而鸞刀之貴，貴其義也。聲和而後斷也。

冠義，始冠之，緇布之冠也。大古冠布，齊則緇之。其緌也，孔子曰：『吾未之聞也。』冠而敝之可也。適子冠于阼，以著代也。醮于客位，加有成也。三加彌尊，喻其志也。冠而字之，敬其名也。委貌，周道也。章甫，殷道也。毋追，夏后氏之道也。周弁，殷冔，夏收。三王共皮弁、素積。無大夫冠禮，而有其昏禮。古者五十而後爵，何大夫冠禮之有？諸侯之有冠禮，夏之末造也。天子之元子，士也。天下無生而貴者也。繼世以立諸侯，象賢也。以官爵人，德之殺也。死而謚，今也。古者生無爵，死無謚。禮之所尊，尊其義也。失其義，陳其數，祝史之事也。故其數可陳也，其義難知也。知其義而敬守之，天子之所以治天下也。

天地合，而後萬物興焉。夫昏禮，萬世之始也。取于異姓，所以附遠厚別也。幣必誠，辭無不腆。告之以直信。信，事人也。信，婦德也。壹與之齊，終身不改，故夫死不嫁。男子親迎，男先于女，剛柔之義也。天先乎地，君先乎臣，其義一也。執摯以相見，敬章別也。男女有別，然後父子親。父子親，然後義生。義生，然後禮作。禮作，然後萬物安。無別無義，禽獸之道也。婿親御授綏，親之也。親之也者，親之也。敬而親之，先王之所以得天下也。出乎大門而先，男帥女，女從男，夫婦之義由此始也。婦人，從人者也。幼從父兄，嫁從夫，夫死從子。夫也者，夫也；

夫也者，以知帥人者也。玄冕齊戒，鬼神陰陽也。將以爲社稷主，爲先祖後，而可以不致敬乎？共牢而食，同尊卑也。故婦人無爵，從夫之爵，坐以夫之齒。器用陶、匏，尚禮然也。三王作牢，用陶、匏。厥明，婦盥饋，舅姑卒食，婦餕餘，私之也。舅姑降自西階，婦降自阼階，授之室也。昏禮不用樂，幽陰之義也。樂，陽氣也。昏禮不賀，人之序也。

有虞氏之祭也，尚用氣。血、腥、爓祭，用氣也。殷人尚聲，臭味未成，滌蕩其聲，樂三闋，然後出迎牲。聲音之號，所以詔告于天地之間也。周人尚臭，灌用鬯臭，鬱合鬯，臭陰達于淵泉。灌以圭璋，用玉氣也。既灌，然後迎牲，致陰氣也。蕭合黍、稷，臭陽達于墻屋，故既奠，然後焫蕭合羶、薌。凡祭，慎諸此。魂氣歸于天，形魄歸于地，故祭求諸陰陽之義也。殷人先求諸陽，周人先求諸陰。詔祝于室，坐尸于堂，用牲于庭，升首于室。直祭祝于主，索祭祝于祊。不知神之所在，于彼乎？于此乎？或諸遠人乎？祭于祊，尚曰求諸遠者與？祊之爲言倞也，肵之爲言敬也。富也者，福也；首也者，直也。相，饗之也。嘏，長也，大也。尸，陳也。毛、血，告幽全之物也。告幽全之物者，貴純之道也。血祭，盛氣也。祭肺、肝、心，貴氣主也。祭黍稷加肺，祭齊加明水，報陰也。取膟膋燔燎，升首，報陽也。明水涚齊，貴新也。凡涚，新之也。其謂之明水也，由主人之絜著此水也。君再拜稽首，肉袒親割，敬之至也。敬之至也，服也。拜，服也。稽首，服之甚也。肉袒，服之盡也。祭稱孝孫、孝子，以其義稱也。稱曾孫某，謂國家也。祭祀之相，主人自致其敬，盡其嘉，而無與讓也。腥、肆、爓、腍、祭，豈知神之所饗也？主人自盡其敬而已矣。舉斝、角，詔妥尸。古者尸無事則立，有事而後坐也。尸，神象也。祝，將命也。縮酌用茅，明酌也。盞酒涚于清，汁獻涚于盞酒，猶明、清與盞酒于舊澤之酒也。祭有祈焉，有報焉，有由辟焉。齊之玄也，以陰幽思也。故君子三日齊，必見其所祭者。

禮記卷第二十七

内則第十二

后王命冢宰，降德于衆兆民。

子事父母，鷄初鳴，咸盥、漱，櫛、縰、笄、總，拂髦、冠、緌、纓、端、韠、紳，搢笏。左右佩用，左佩紛帨、刀、礪、小觿、金燧，右佩玦、捍、管、遰、大觿、木燧。偪、屨、著綦。

婦事舅姑，如事父母。鷄初鳴，咸盥、漱，櫛、縰、笄、總，衣紳。左佩紛帨、刀礪、小觿、金燧，右佩箴、管、綫、纊，施縏帙，大觿、木燧，衿纓、綦屨。

以適父母舅姑之所。及所，下氣怡聲，問衣燠寒，疾痛苛癢，而敬抑搔之。出入則或先或後，而敬扶持之。進盥，少者奉槃，長者奉水，請沃盥，盥卒授巾。問所欲而敬進之，柔色以温之。饘、酏、酒、醴、芼、羹、菽、麥、蕡、稻、黍、粱、秫唯所欲，棗、栗、飴、蜜以甘之，堇、荁、枌、榆、免、薧、滫、瀡以滑之，脂、膏以膏之，父母、舅姑必嘗之而後退。

男女未冠笄者，鷄初鳴，咸盥、漱，櫛、縰，拂髦，總角、衿纓，皆佩容臭。昧爽而朝，問：『何食飲矣？』若已食則退，若未食則佐長者視具。

凡內外，鷄初鳴，咸盥、漱，衣服，斂枕簟，灑掃室堂及庭，布席，各從其事。孺子蚤寢晏起，唯所欲，食無時。

由命士以上，父子皆異宫，昧爽而朝，慈以旨甘。日出而退，各從其事。日入而夕，慈以旨甘。

父母舅姑將坐，奉席請何鄉；將衽，長者奉席請何趾，少者執床與坐。御者舉几，斂席與簟，縣衾，篋枕，斂簟而襡之。

父母舅姑之衣、衾、簟、席、枕、几不傳，杖、屨祗敬之，勿敢近。敦、牟、卮、匜，非餕莫敢用。與恒食飲，非餕莫之敢飲食。

父母在，朝夕恒食，子婦佐餕，既食恒餕，父没母存，冢子御食，群子婦佐餕如初，旨甘柔滑，孺子餕。

在父母舅姑之所，有命之，應『唯』，敬對。進退、周旋慎齊，升降、出入、揖游不敢噦、噫、嚏、咳、欠、伸、跛、倚、睇視，不敢唾、洟。寒不敢襲，癢不敢搔。不有敬事，不敢袒裼。不涉不撅。褻衣衾不見裏。父母唾、洟不見；冠帶垢，和灰請漱；衣裳垢，和灰請浣；衣裳綻裂，紉箴請補綴。五日則燂湯請浴，三日具沐。其間面垢，燂潘請靧；足垢，燂湯請洗。少事長，賤事貴，共帥時。

男不言内，女不言外。非祭非喪，不相授器。其相授，則女受以篚，其無篚，則皆坐奠之而後取之。外内不共井，不共湢浴，不通寢席，不通乞假。男女不通衣裳。内言不出，外言不入。男子入内，不嘯不指；夜行以燭，無燭則止。女子出門，必擁蔽其面；夜行以燭，無燭則止。道路，男子由右，女子由左。

子婦孝者敬者，父母舅姑之命勿逆勿怠。若飲食之，雖不耆，必嘗而待。加之衣服，雖不欲，必服而待；加之事，人待之，己雖弗欲，姑與之，而姑使之，而後復之。子婦有勤勞之事，雖甚愛之，姑縱之，而寧數休之。子婦未孝未敬，勿庸疾怨，姑教之。若不可教，而後怒之；不可怒，子放婦出而不表禮焉。

父母有過，下氣怡色，柔聲以諫。諫若不入，起敬起孝，説則復諫。不説，與其得罪于鄉黨州閭，寧孰諫。父母怒，不説，而撻之流血，不敢疾怨，起敬起孝。父母有婢子若庶子庶孫，甚愛之，雖父母没，没身敬之不衰。子有二妾，父母愛一人焉，子愛一人焉，由衣服飲食，由執事，毋敢視父母所愛，雖父母没不衰。子甚宜其妻，父母不説，出。子不宜其妻，父母曰『是善事我』，子行夫婦之禮焉，没身不衰。

父母雖没，將爲善，思貽父母令名，必果。將爲不善，思貽父母羞辱，必不果。

舅没則姑老，冢婦所祭祀賓客，每事必請于姑。介婦請于冢婦。舅姑使冢婦，毋怠、不友、無禮于介婦。舅姑若使介婦，毋敢敵耦于冢婦，不敢並行，不敢並命，不敢並坐。凡婦不命適私室不敢退。婦將有事，大小必請于舅姑。子婦無私貨，無私畜，無私器，不敢私假，不敢私與。婦或賜之飲食、衣服、布帛、佩帨、茝蘭，則受而獻諸舅姑，舅姑受之則喜，如新受賜。若反賜之，則辭；不得命，如更受賜，藏以待乏。婦若有私親兄弟，將與之，則必復請其故賜，而後與之。

適子、庶子，袛事宗子、宗婦。雖貴富，不敢以貴富入宗子之家，雖衆車徒，舍于外，以寡約入。子弟猶歸器，衣服、裘衾、車馬，則必獻其上，而後敢服用其次也。若非所獻，則不敢以入于宗子之門，不敢以貴富加于父兄宗族。若富，則具二牲，獻其賢者于宗子，夫婦皆齊而宗敬焉，終事而後敢私祭。

飯：黍、稷、稻、粱、白黍、黄粱、稰、穛。膳：膷、臐、膮、醢、牛炙，醢、牛胾、醢、牛膾，羊炙、羊胾、醢、豕炙，醢、豕胾、芥醬、魚膾，雉、兔、鶉、鷃。飲：重醴，稻醴清、糟，黍醴清、糟，粱醴清、糟，或以酏爲醴，黍酏，漿，水，醷，濫。酒：清、白。羞：糗餌、粉酏。食：蝸醢而苽食，雉羹，麥食、脯羹、鷄羹，析稌、犬羹、兔羹，和糝不蓼。濡豚包苦實蓼，濡鷄醢醬實蓼，濡魚卵醬實蓼，濡鱉醢醬實蓼。腶脩，蚳醢；脯羹，兔醢；麋膚，魚醢　魚膾，芥醬；麋腥，醢，醬；桃諸，梅諸，卵鹽。

凡食齊視春時，羹齊視夏時，醬齊視秋時，飲齊視冬時。凡和，春多酸，夏多苦，秋多辛，冬多鹹，調以滑甘。牛宜稌，羊宜黍，豕宜稷，犬宜粱，雁宜麥，魚宜苽。春宜羔、豚，膳膏薌，夏宜腒、鱐，膳膏臊，秋宜犢、麛，膳膏腥，冬宜鮮、羽，膳膏羶。牛脩鹿脯、田豕脯、麋脯、麕脯，麋、鹿、田豕、麕皆有軒，雉、兔皆有芼。爵，鷃，蜩，范，芝栭，菱，椇，棗，栗，榛，柿，瓜，桃，李，梅，杏，柤，梨，薑，桂。

大夫燕食，有膾無脯，有脯無膾。士不貳羹、胾，庶人耆老不徒食。

内則第十二

膾，春用葱，秋用芥。豚，春用韭，秋用蓼。脂用葱，膏用薤。三牲用藙，和用醯。獸用梅。鶉羹、鷄羹、鴽，釀之蓼。魴、鱮烝，雛燒，雉薌，無蓼。不食雛鱉。狼去腸，狗去腎，狸去正脊，兔去尻，狐去首，豚去腦，魚去乙，鱉去醜。肉曰脱之，魚曰作之，棗曰新之，栗曰撰之，桃曰膽之，柤梨曰攢之。牛夜鳴則庮；羊泠毛而毳，羶；狗赤股而躁，臊；鳥皫色而沙鳴，鬱；豕望視而交睫，腥；馬黑脊而般臂，漏。雛尾不盈握弗食。舒鴈翠，鵠、鴞胖，舒鳧翠，鷄肝、鴈腎、鴇奥、鹿胃。肉腥，細者爲膾，大者爲軒。或曰：麋、鹿、魚爲菹，麕爲辟鷄，野豕爲軒，兔爲宛脾。切葱若薤，實諸醯以柔之。羹食，自諸侯以下至于庶人，無等。大夫無秩膳，大夫七十而有閣。天子之閣，左達五，右達五。公、侯、伯于房中五，大夫于閣三，士于坫一。

凡養老，有虞氏以燕禮，夏后氏以饗禮，殷人以食禮，周人脩而兼用之。凡五十養于鄉，六十養于國，七十養于學，達于諸侯。八十拜君命，一坐再至，瞽亦如之；九十者使人受。五十異粻，六十宿肉，七十二膳，八十常珍，九十飲食不違寢，膳飲從于游可也。六十歲制，七十時制，八十月制，九十日脩，唯絞、紟、衾、冒死而後制。五十始衰，六十非肉不飽，七十非帛不暖，八十非人不暖，九十雖得人不暖矣。五十杖于家，六十杖于鄉，七十杖于國，八十杖于朝，九十者天子欲有問焉，則就其室，以珍從。七十不俟朝，八十月告存，九十日有秩。五十不從力政，六十不與服戎，七十不與賓客之事，八十齊、喪之事弗及也。五十而爵，六十不親學，七十致政。凡自七十以上，唯衰麻爲喪。凡三王養老，皆引年。八十者一子不從政，九十者其家不從政，瞽亦如之。凡父母在，子雖老不坐。有虞氏養國老于上庠，養庶老于下庠。夏后氏養國老于東序，養庶老于西序。殷人養國老于右學，養庶老于左學。周人養國老于東膠，養庶老于虞庠，虞庠在國之西郊。有虞氏皇而祭，深衣而養老。夏后氏收而祭，燕衣而養老。殷人冔而祭，縞衣而養老。周人冕而祭，玄衣而養老。

曾子曰：『孝子之養老也，樂其心，不違其志，樂其耳目，安其寢處，以其飲食忠養之。孝子之身終，終身也者，非終父母之身，終其身也。是故父母之所愛亦愛之，父母之所敬亦敬之。至于犬馬盡然，而况于人乎！』

凡養老，五帝憲，三王有乞言。五帝憲，養氣體而不乞言，有善則記之爲惇史。三王亦憲，既養老而後乞言，亦微其禮，皆有惇史。

淳熬：煎醢加于陸稻上，沃之以膏，曰淳熬。淳毋：煎醢加于黍食上，沃之以膏，曰淳毋。

炮：取豚若將，刲之刳之，實棗于其腹中，編萑以苴之，塗之以謹塗。炮之，塗皆乾，擘之，濯手以摩之，去其皽，爲稻、粉，糔溲之以爲酏，以付豚。煎諸膏，膏必滅之，鉅鑊湯，以小鼎薌脯于其中，使其湯毋滅鼎，三日三夜毋絶火，而後調之以醯醢。

擣珍：取牛、羊、麋、鹿、麕之肉，必胨，每物與牛若一，捶，反側之，去其餌，孰，出之，去其皽，柔其肉。

漬：取牛肉必新殺者，薄切之，必絶其理，湛諸美酒，期朝而食之，以醢若醯、醷。

爲熬：捶之，去其皽，編萑，布牛肉焉，屑桂與薑，以洒諸上而鹽之，乾而食之。施羊亦如之，施麋、施鹿、施麕皆如牛羊。欲濡肉則釋而煎之以醢。欲乾肉，則捶而食之。

糝：取牛、羊、豕之肉，三如一，小切之。與稻米，稻米二，肉一，合以爲餌，煎之。

肝膋：取狗肝一，幪之以其膋，濡炙之，舉燋其膋，不蓼。取稻米，舉糔、溲之，小切狼臅膏，以與稻米爲酏。

禮始于謹夫婦。爲宮室，辨外内。男子居外，女子居内，深宮固門，閽、寺守之，男不入，女不出。男女不同椸枷，不敢懸于夫之楎、椸，不敢藏于夫之篋、笥，不敢共湢浴。夫不在，斂枕篋簟席，襡器而藏之。少事長，賤事貴，咸如之。夫婦之禮，唯及七十，同藏無間。故妾雖老，年未滿五十，必與五日之御。將御者，齊、漱、浣、慎衣服，櫛、縰、笄、總角、拂髦、衿纓、綦屨。雖婢妾，衣服飲食必後長者。妻不在，妾御莫敢當夕。

妻將生子，及月辰，居側室，夫使人日再問之。作而自問之，妻不敢見，使姆衣服而對。至于子生，夫復使人日再問之。夫齊，則不入側室之門。子生，男子設弧于門左，女子設帨于門右。三日始負子，男射女否。

國君世子生，告于君，接以大牢，宰掌具。三日，卜士負之，吉者宿齊，朝服寢門外，詩負之。射人以桑弧蓬矢六，射天地四方。保受，乃負之，宰醴負子，賜之束帛。卜士之妻，大夫之妾，使食子。

凡接子擇日，冢子則大牢，庶人特豚，士特豕，大夫少牢，國君世子大牢。其非冢子，則皆降一等。異爲孺子室于宫中。擇于諸母與可者，必求其寬裕、慈惠、温良、恭敬、慎而寡言者，使爲子師，其次爲慈母，其次爲保母，皆居子室。他人無事不往。

三月之末，擇日翦髮爲鬌，男角女羈，否則男左女右。是日也，妻以子見于父，貴人則爲衣服，由命士以下皆漱、浣。男女夙興，沐浴，衣服，具視朔食。夫入門，升自阼階，立于阼，西鄉。妻抱子出自房，當楣立，東面。

姆先相，曰：『母某敢用時日，祗見孺子。』夫對曰：『欽有帥。』父執子之右手，咳而名之。妻對曰：『記有成。』遂左還授師。子師辯告諸婦、諸母名。妻遂適寢。

夫告宰名，宰辯告諸男名，書曰『某年某月某日某生』而藏之。宰告閭史，閭史書爲二，其一藏諸閭府，其一獻諸州史。州史獻諸州伯，州伯命藏諸州府。夫入，食如養禮。

世子生，則君沐浴朝服，夫人亦如之，皆立于阼階，西鄉，世婦抱子升自西階，君名之，乃降。

適子庶子見于外寢，撫其首，咳而名之。禮帥初，無辭。

凡名子，不以日月，不以國，不以隱疾。大夫、士之子，不敢與世子同名。

妾將生子，及月辰，夫使人日一問之。子生三月之末，漱、浣、夙齊，見于内寢，禮之如始入室。君已食，徹焉，使之特餕。遂入御。

公庶子生，就側室。三月之末，其母沐浴，朝服見于君，擯者以其子見。君所有賜，君名之。衆子，則使有司名之。

庶人無側室者，及月辰，夫出居群室。其問之也，與子見父之禮，無以異也。

凡父在，孫見于祖，祖亦名之。禮如子見父，無辭。

食子者三年而出，見于公宫則劬。大夫之子有食母，士之妻自養其子。

由命士以上及大夫之子，旬而見。冢子未食而見，必執其右手。適子庶子已食而見，必循其首。

子能食食，教以右手。能言，男『唯』女『俞』。男鞶革，女鞶絲。

六年，教之數與方名。七年，男女不同席，不共食。八年，出入門户及即席飲食，必後長者，始教之讓。九年，教之數日。十年，出就外傅，居宿于外，學書計。衣不帛襦褲。禮帥初，朝夕學幼儀，請肄簡、諒。十有三年，學樂，誦《詩》，舞《勺》。成童，舞《象》，學射御。二十而冠，始學禮，可以衣裘帛，舞《大夏》，惇行孝弟，博學不教，内而不出。三十而有室，始理男事，博學無方，孫友視志。四十始仕，方物出謀發慮，道合則服從，不可則去。五十命爲大夫，服官政。七十致事。凡男拜，尚左手。

女子十年不出，姆教婉、娩、聽從，執麻枲，治絲繭，織紝、組、紃，學女事以共衣服。觀于祭祀，納酒漿、籩豆、菹醢，禮相助奠。十有五年而笄。二十而嫁，有故，二十三年而嫁。聘則爲妻，奔則爲妾。凡女拜，尚右手。

禮記卷第二十九

玉藻第十三

天子玉藻，十有二旒，前後邃延，龍卷以祭。玄端而朝日于東門之外，聽朔于南門之外，閏月則闔門左扉，立于其中。

皮弁以日視朝，遂以食。日中而餕，奏而食。日少牢，朔月大牢。五飲：上水、漿、酒、醴、酏。卒食，玄端而居。動則左史書之，言則右史書之，御瞽幾聲之上下。年不順成，則天子素服，乘素車，食無樂。

諸侯玄端以祭，裨冕以朝，皮弁以聽朔于大廟，朝服以日視朝于内朝。朝，辨色始入。君日出而視之，退適路寢聽政，使人視大夫，大夫退，然後適小寢釋服。又朝服以食，特牲，三俎，祭肺，夕深衣，祭牢肉。朔月少牢，五俎四簋。子卯稷食菜羹。夫人與君同庖。

君無故不殺牛，大夫無故不殺羊，士無故不殺犬、豕。君子遠庖厨，凡有血氣之類，弗身踐也。至于八月不雨，君不舉。

年不順成，君衣布，搢本，關梁不租，山澤列而不賦，土功不興，大夫不得造車馬。

卜人定龜，史定墨，君定體。

君羔幦虎犆；大夫齊車鹿幦豹犆，朝車；士齊車鹿幦豹犆。

君子之居恒當户，寢恒東首。若有疾風、迅雷、甚雨，則必變。雖夜必興，衣服冠而坐。日五盥，沐稷而靧粱，櫛用樿櫛，髮晞用象櫛，進禨進羞，工乃升歌。浴用二巾，上絺下綌。出杅，履蒯席，連用湯，履蒲席，衣布晞身，乃屨，進飲。將適公所，宿齊戒，居外寢，沐浴。史進象笏，書思對命。既服，習容，觀玉聲，乃出。揖私朝，煇如也，登車則有光矣。

天子搢珽，方正于天下也。諸侯荼，前詘後直，讓于天子也。大夫前詘後詘，無所不讓也。

侍坐則必退席，不退則必引而去君之黨。登席不由前，爲躐席。徒坐不盡席尺，讀書，食，則齊。豆去席尺。若賜之食，而君客之，則命之祭然後祭，先飯，辯嘗羞，飲而俟。若有嘗羞者，則俟君之食，然後食，飯飲而俟。君命之羞，羞近者。命之品嘗之，然後唯所欲。凡嘗遠食，必順近食。君未覆手，不敢飧。君既食，又飯飧，飯飧者，三飯也。君既徹，執飯與醬，乃出授從者。

凡侑食，不盡食。食于人不飽。唯水漿不祭，若祭，爲已偞卑。

君若賜之爵，則越席再拜稽首受，登席祭之。飲，卒爵而俟，君卒爵，然後授虛爵。君子之飲酒也，受一爵而色洒如也。二爵而言言斯，禮已三爵而油油，以退。退則坐取屨，隱辟而後屨，坐左納右，坐右納左。凡尊必上玄酒，唯君面尊。唯饗野人皆酒，大夫側尊，用棜，士側尊，用禁。

始冠，緇布冠，自諸侯下達，冠而敝之可也。玄冠朱組纓，天子之冠也。緇布冠繢緌，諸侯之冠也。玄冠丹組纓，諸侯之齊冠也。玄冠綦組纓，士之齊冠也。縞冠玄武，子姓之冠也。縞冠素紕，既祥之冠也。

垂緌五寸，惰游之士也，玄冠縞武，不齒之服也。居冠屬武，自天子下達，有事然後緌。五十不散送。親没不髦，大帛不緌。玄冠紫緌，自魯桓公始也。

朝玄端，夕深衣。深衣三袪，縫齊，倍要，衽當旁，袂可以回肘。長、中，繼揜尺。袷二寸，袪尺二寸，緣廣寸半。以帛裏布，非禮也。士不衣織。無君者不貳采。衣正色，裳間色。非列采不入公門，振絺、綌不入公門，表裘不入公門，襲裘不入公門。纊爲繭，緼爲袍，襌爲絅，帛爲褶。朝服之以縞也，自季康子始也。孔子曰：『朝服而朝，卒朔然後服之。』曰：『國家未道，則不充其服焉。』唯君有黼裘以誓省，大裘非古也。

禮記卷第三十

玉藻第十三

君衣狐白裘，錦衣以裼之。君之右虎裘，厥左狼裘。士不衣狐白。君子狐青裘豹褎，玄綃衣以裼之；麛裘青豻褎，絞衣以裼之；羔裘豹飾，緇衣以裼之；狐裘，黄衣以裼之。錦衣狐裘，諸侯之服也。犬羊之裘不裼。不文飾也不裼。裘之裼也，見美也。吊則襲，不盡飾也。君在則裼，盡飾也。服之襲也，充美也。是故尸襲，執玉，龜襲。無事則裼，弗敢充也。

笏，天子以球玉，諸侯以象，大夫以魚須文竹，士竹，本，象可也。見于天子與射，無說笏。入大廟說笏，非古也。小功不說笏，當事免則說之。既搢必盥，雖有執于朝，弗有盥矣。凡有指畫于君前，用笏。造受命于君前，則書于笏。笏畢用也，因飾焉。笏度二尺有六寸，其中博三寸，其殺六分而去一。

而素帶，終辟，大夫素帶，辟垂，士練帶，率，下辟，居士錦帶，弟子縞帶，并紐約用組。

韠，君朱，大夫素，士爵韋。圜，殺，直。天子直，公侯前後方，大夫前方後挫角，士前後正。韠下廣二尺，上廣一尺，長三尺，其頸五寸，肩，革帶，博二寸。大夫大帶四寸。雜帶，君朱緑，大夫玄華，士緇辟二寸，再繚四寸。凡帶有率，無箴功。一命緼韍幽衡，再命赤韍幽衡，三命赤韍葱衡。天子素帶，朱裏，終辟。王后褘衣，夫人揄狄，三寸，長齊于帶，紳長制，士三尺，有司二尺有五寸。子游曰：『參分帶下，紳居二焉。』紳、韠、結三齊。君命屈狄，再命褘衣，一命襢衣，士褖衣。唯世婦命于奠繭，其他則皆從男子。

凡侍于君，紳垂，足如履齊，頤霤，垂拱，視下而聽上，視帶以及袷，聽鄉任左。凡君召以三節，二節以走，一節以趨。在官不俟屨，在外不俟車。

士于大夫，不敢拜迎，而拜送。士于尊者，先拜，進面，答之拜則走。

士于君所言大夫没矣，則稱謚若字，名士。與大夫言，名士，字大夫。于大夫所，有公諱，無私諱。凡祭不諱，廟中不諱，教學、臨文不諱。古之君子必佩玉，右徵、角，左宮、月。趨以《采齊》，行以《肆夏》，周還中規，折還中矩，進則揖之，退則揚之，然後玉鏘鳴也。故君子在車則聞鸞、和之聲，行則鳴佩玉，是以非辟之心無自入也。

君在不佩玉，左結佩，右設佩。居則設佩，朝則結佩。齊則綪結佩，而爵韠。凡帶必有佩玉，唯喪否。佩玉有衝牙，君子無故玉不去身，君子于玉比德焉。天子佩白玉而玄組綬，公侯佩山玄玉而朱組綬，大夫佩水蒼玉而純組綬，世子佩瑜玉而綦組綬，士佩瓀玟而緼組綬。孔子佩象環五寸而綦組綬。

童子之節也，緇布衣，錦緣，錦紳并紐，錦束髮，皆朱錦也。肆束及帶，勤者有事則收之，走則擁之。童子不裘不帛，不屨絇，無緦服，聽事不麻。無事則立主人之北，南面。見先生，從人而入。

侍食于先生，異爵者，後祭先飯。客祭，主人辭曰：『不足祭也。』客飧，主人辭以疏。主人自置其醬，則客自徹之。一室之人，非賓客，一人徹。壹食之人，一人徹。凡燕食，婦人不徹。

食棗、桃、李，弗致于核。瓜祭上環，食中，弃所操。凡食果實者，後君子，火孰者，先君子。有慶，非君賜不賀。有憂者。勤者有事則收之，走則擁之。

孔子食于季氏，不辭，不食肉而飧。

君賜車馬，乘以拜。賜衣服，服以拜。賜，君未有命，弗敢即乘、服也。君賜，稽首，據掌，致諸地。酒肉之賜弗再拜。凡賜，君子與小人不同日。

凡獻于君，大夫使宰，士親，皆再拜稽首送之。膳于君，有葷、桃、茢，于大夫去茢，于士去葷，皆造于膳宰。大夫不親拜，爲君之答己也。大夫拜賜而退，士待諾而退，又拜，弗答拜。大夫親賜士，士拜受，又拜于其室。衣服弗服以拜。敵者不在，拜于其室。凡于尊者有獻，而弗敢以聞。士于大夫不承賀。下大夫于上大夫承賀。親在，行禮于人稱父。人或賜之，則稱父拜之。

禮不盛，服不充，故大裘不裼，乘路車不式。

父命呼，唯而不諾，手執業則投之，食在口則吐之，走而不趨。親老，出不易方，復不過時。親瘠，色容不盛，此孝子之疏節也。父没而不能讀父之書，手澤存焉爾。母没而杯圈不能飲焉，口澤之氣存焉爾。

君入門，介拂闑，大夫中棖與闑之間，士介拂棖。賓入不中門，不履閾，公事自闑西，私事自闑東。

君與尸行接武，大夫繼武，士中武。徐趨皆用是。疾趨則欲發而手足毋移。圈豚行，不舉足，齊如流。席上亦然。端行，頤霤如矢。弁行，剡剡起屨。執龜、玉，舉前曳踵，蹜蹜如也。

凡行，容惕惕，廟中，齊齊；朝廷，濟濟、翔翔。

君子之容舒遲，見所尊者齊遬。足容重，手容恭，目容端，口容止，聲容靜，頭容直，氣容肅，立容德，色容莊，坐如尸。燕居告溫溫。

凡祭，容貌顔色如見所祭者。

喪容纍纍，色容顛顛，視容瞿瞿、梅梅，言容繭繭。戎容暨暨，言容詻詻，色容厲肅，視容清明。立容辨卑，毋諂。頭頸必中，山立時行，盛氣顛實揚休，玉色。

凡自稱，天子曰予一人，伯曰天子之力臣。諸侯之于天子曰某土之守臣某；其在邊邑，曰某屏之臣某；其于敵以下曰寡人。小國之君曰孤，擯者亦曰孤。上大夫曰下臣，擯者曰寡君之老。下大夫自名，擯者曰寡大夫。世子自名，擯者曰寡君之適。公子曰臣孽。士曰傳遽之臣，于大夫曰外私。大夫私事使，私人擯則稱名，公士擯，則曰寡大夫、寡君之老。大夫有所往，必與公士爲賓也。

禮記卷第三十一

明堂位第十四

昔者周公朝諸侯于明堂之位，天子負斧依，南鄉而立。三公，中階之前，北面東上。諸侯之位，阼階之東，西面北上。諸伯之國，西階之西，東面北上。諸子之國，門東，北面東上。諸男之國，門西，北面東上。九夷之國，東門之外，西面北上。八蠻之國，南門之外，北面東上。六戎之國，西門之外，東面南上。五狄之國，北門之外，南面東上。九采之國，應門之外，北面東上。四塞，世告至，此周公明堂之位也。明堂也者，明諸侯之尊卑也。

昔殷紂亂天下，脯鬼侯以饗諸侯。是以周公相武王以伐紂。武王崩，成王幼弱，周公踐天子之位以治天下。六年，朝諸侯于明堂，制禮作樂，頒度量，而天下大服。七年，致政于成王。成王以周公爲有勛勞于天下，是以封周公于曲阜，地方七百里，革車千乘。命魯公世世祀周公以天子之禮樂。是以魯君孟春乘大路，載弧韣，旂十有二旒，日月之章，祀帝于郊，配以后稷，天子之禮也。

季夏六月，以禘禮祀周公于大廟，牲用白牡，尊用犧、象、山罍，鬱尊用黄目，灌用玉瓚大圭，薦用玉豆雕篹，爵用玉琖仍雕，加以璧散、璧角。俎用梡嶡，升歌《清廟》，下管《象》，朱干玉戚，冕而舞《大武》。皮弁素積，裼而舞《大夏》。《昧》，東夷之樂也。《任》，南蠻之樂也。納夷蠻之樂于大廟，言廣魯于天下也。

君卷冕立于阼，夫人副褘立于房中。君肉袒迎牲于門，夫人薦豆籩。卿大夫贊君，命婦贊夫人，各揚其職，百官廢職，服大刑，而天下大服。

是故夏礿、秋嘗、冬烝，春社、秋省而遂大蜡，天子之祭也。

大廟，天子明堂。庫門，天子皋門。雉門，天子應門。

振木鐸于朝，天子之政也。山節，藻棁，復廟，重檐，刮楹，達鄉，反坫出尊，崇坫康圭，疏屏，天子之廟飾也。

鸞車，有虞氏之路也。鉤車，夏后氏之路也。大路，殷路也。乘路，周路也。

有虞氏之旂，夏后氏之綏，殷之大白，周之大赤。

夏后氏駱馬黑鬣。殷人白馬黑首，周人黄馬蕃鬣。夏后氏牲尚黑，殷白牡，周騂剛。

泰，有虞氏之尊也。山罍，夏后氏之尊也。著，殷尊也。犧、象，周尊也。

爵，夏后氏以盞，殷以斝，周以爵。灌尊，夏后氏以雞夷，殷以斝，周以黄目。

其勺，夏后氏以龍勺，殷以疏勺，周以蒲勺。

土鼓、蕢桴、葦籥，伊耆氏之樂也。

拊搏、玉磬、揩擊、大琴、大瑟、中琴、小瑟，四代之樂器也。

魯公之廟，文世室也。武公之廟，武世室也。

米廩，有虞氏之庠也。序，夏后氏之序也。瞽宗，殷學也；泮宮，周學也。

崇鼎、貫鼎、大璜、封父龜，天子之器也。越棘、大弓，天子之戎器也。

夏后氏之鼓足，殷楹鼓，周縣鼓。垂之和鍾，叔之離磬，女媧之笙簧。

夏后氏之龍簨虡，殷之崇牙，周之璧翣。

有虞氏之兩敦，夏后氏之四連，殷之六瑚，周之八簋。

俎，有虞氏以梡，夏后氏以嶡，殷以椇，周以房俎。

夏后氏以楬豆，殷玉豆，周獻豆。

有虞氏服韍，夏后氏山，殷火，周龍章。

有虞氏祭首，夏后氏祭心，殷祭肝，周祭肺。夏后氏尚明水，殷尚醴，周尚酒。

有虞氏官五十，夏後氏官百，殷二百，周三百。

有虞氏之綏，夏后氏之綢練，殷之崇牙，周之璧翣。

凡四代之服、器、官，魯兼用之。是故魯，王禮也，天下傳之久矣。君臣未嘗相弑也。禮樂、刑法、政俗，未嘗相變也。天下以爲有道之國，是故天下資禮樂焉。

禮記卷第三十二

喪服小記第十五

斬衰，括髮以麻，爲母，括髮以麻，免而以布。齊衰，惡笄，帶以終喪。男子冠而婦人笄，男子免而婦人髽。其義：爲男子則免，爲婦人則髽。

苴杖，竹也；削杖，桐也。

祖父卒，而后爲祖母後者三年。

爲父母、長子稽顙。大夫吊之，雖緦必稽顙。婦人爲夫與長子稽顙，其餘則否。

男主必使同姓，婦主必使異姓。

爲父後者，爲出母無服。

親親，以三爲五，以五爲九。上殺，下殺，旁殺，而親畢矣。

王者禘其祖之所自出，以其祖配之，而立四廟。庶子王亦如之。

別子爲祖，繼別爲宗。繼禰者爲小宗。有五世而遷之宗，其繼高祖者也。是故祖遷于上，宗易于下。尊祖故敬宗，敬宗所以尊祖、禰也。庶子不祭祖者，明其宗也。

庶子不爲長子斬，不繼祖與禰故也。庶子不祭殤與無後者，殤與無後者從祖祔食。庶子不祭禰者，明其宗也。

親親、尊尊、長長，男女之有別，人道之大者也。

從服者，所從亡則已。屬從者，所從雖没也服。妾從女君而出，則不爲女君之子服。

禮，不王不禘。

世子不降妻之父母，其爲妻也，與大夫之適子同。父爲士，子爲天子諸侯，則祭以天子諸侯，其尸服以士服。父爲天子諸侯，子爲士，祭以士，其尸服以士服。

婦當喪而出，則除之。爲父母喪，未練而出則三年，既練而出則已。未練而反則期，既練而反則遂之。

再期之喪，三年也。期之喪，二年也。九月七月之喪，三時也。五月之喪，二時也。三月之喪，一時也。故期而祭，禮也；期而除喪，道也。祭不爲除喪也。三年而後葬者，必再祭。其祭之間不同時，而除喪。大功者主人之喪，有三年者，則必爲之再祭。朋友虞、祔而已。士妾有子而爲之緦，無子則已。

生不及祖父母、諸父、昆弟，而父税喪，己則否。爲君之父母、妻、長子，君已除喪而後聞喪，則不税。降而在緦、小功者，則税之。近臣，君服斯服矣，其餘從而服，不從而税。君雖未知喪，臣服已。

禮記卷第三十三

喪服小記第十五

虞，杖不入于室；祔，杖不升于堂。

爲君母後者，君母卒，則不爲君母之黨服。

絰殺，五分而去一，杖大如絰。

妾爲君之長子，與女君同。

除喪者，先重者；易服者，易輕者。

無事不辟廟門，哭皆于其次。

復與書銘，自天子達于士，其辭一也。男子稱名，婦人書姓與伯仲，如不知姓，則書氏。

斬衰之葛，與齊衰之麻同。齊衰之葛與大功之麻同。麻同，皆兼服之。

報葬者報虞，三月而後卒哭。

父母之喪偕，先葬者不虞祔，待後事。其葬，服斬衰。

大夫降其庶子，其孫不降其父。大夫不主士之喪。爲慈母之父母無服。

夫爲人後者，其妻爲舅姑大功。士祔于大夫，則易牲。

繼父不同居也者，必嘗同居。皆無主後，同財而祭其祖禰爲同居，有主後者爲異居。

哭朋友者，于門外之右，南面。祔葬者，不筮宅。

士、大夫不得祔于諸侯，祔于諸祖父之爲士、大夫者。其妻祔于諸祖姑，妾祔于妾祖姑，亡則中一以上而祔，祔必以其昭穆。諸侯不得祔于天子，天子、諸侯、大夫可以祔于士。

爲母之君母，母卒則不服。宗子，母在爲妻禫。爲慈母後者，爲庶母可也，爲祖庶母可也。爲父母、妻、長子禫。慈母與妾母，不世祭也。

丈夫冠而不爲殤，婦人笄而不爲殤。爲殤後者，以其服服之。

久而不葬者，唯主喪者不除，其餘以麻終月數者，除喪則已。

箭笄帶終喪三年。

齊衰三月，與大功同者繩屨。

練，筮日、筮尸、視濯，皆要絰、杖、繩屨，有司告具而後去杖。筮日、筮尸，有司告事畢，而後杖，拜送賓。大祥吉服而筮尸。

庶子在父之室，則爲其母不禫。庶子不以杖即位。父不主庶子之喪，則孫以杖即位可也。父在，庶子爲妻，以杖即位可也。

諸侯吊于異國之臣，則其君爲主。諸侯吊，必皮弁錫衰。所吊雖已葬，主人必免。主人未喪服，則君亦不錫衰。

養有疾者不喪服，遂以主其喪。非養者入主人之喪，則不易己之喪服。養尊者必易服，養卑者否。

妾無妾祖姑者，易牲而祔于女君可也。

婦之喪，虞、卒哭，其夫若子主之，祔則舅主之。士不攝大夫。士攝大夫，唯宗子。主人未除喪，有兄弟自他國至，則主人不免而爲主。

陳器之道，多陳之而省納之可也，省陳之而盡納之可也。

奔兄弟之喪，先之墓而後之家，爲位而哭。所知之喪，則哭于宫而後之墓。

父不爲衆子次于外。

與諸侯爲兄弟者服斬。

下殤小功，帶澡麻不絶，詘而反以報之。

婦祔于祖姑，祖姑有三人，則祔于親者。其妻，爲大夫而卒，而後其夫不爲大夫，而祔于其妻，則不易牲。妻卒而後夫爲大夫，而祔于其妻，則以大夫牲。爲父後者，爲出母無服。無服也者，喪者不祭故也。

婦人不爲主而杖者，姑在爲夫杖。母爲長子削杖。女子子在室爲父母，其主喪者不杖，則子一人杖。

緦、小功，虞、卒哭則免。既葬而不報虞，則雖主人皆冠，及虞則皆免。爲兄弟，既除喪已，及其葬也，反服其服，報虞、卒哭則免，如不報虞則除之。遠葬者，比反哭者皆冠，及郊而後免，反哭。君吊，雖不當免時也，主人必免，不散麻。雖異國之君，免也。親者皆免。

除殤之喪者，其祭也必玄。除成喪者，其祭也朝服縞冠。

奔父之喪，括髮于堂上，袒，降、踊，襲絰于東方。奔母之喪，不括髮，袒于堂上，降、踊，襲免于東方。絰即位，成踊，出門，哭止。三日而五哭三袒。

適婦不爲舅後者，則姑爲之小功。

禮記卷第三十四

大傳第十六

禮，不王不禘。王者禘其祖之所自出，以其祖配之。諸侯及其大祖。大夫、士有大事，省于其君，干祫及其高祖。

牧之野，武王之大事也。既事而退，柴于上帝，祈于社，設奠于牧室。遂率天下諸侯，執豆籩，逡奔走。追王大王亶父、王季歷、文王昌，不以卑臨尊也。

上治祖禰，尊尊也；下治子孫，親親也；旁治昆弟，合族以食，序以昭繆，别之以禮義，人道竭矣。

聖人南面而聽天下，所且先者五，民不與焉。一曰治親，二曰報功，三曰舉賢，四曰使能，五曰存愛。五者一得于天下，民無不足、無不贍者。五者一物紕繆，民莫得其死。聖人南面而治天下，必自人道始矣。立權度量，考文章，改正朔，易服色，殊徽號，異器械，别衣服，此其所得與民變革者也。其不可得變革者，則有矣。親親也，尊尊也，長長也，男女有别，此其不可得與民變革者也。

同姓從宗，合族屬；異姓主名，治際會。名著而男女有别。

其夫屬乎父道者，妻皆母道也；其夫屬乎子道者，妻皆婦道也。謂弟之妻『婦』者，是嫂亦可謂之『母』乎？名者，人治之大者也，可無慎乎！

四世而緦，服之窮也。五世袒免，殺同姓也。六世，親屬竭矣。其庶姓别于上，而戚單于下，昏姻可以通乎？繫之以姓而弗别，綴之以食而弗殊，雖百世而昏姻不通者，周道然也。

服術有六，一曰親親，二曰尊尊，三曰名，四曰出入，五曰長幼，六曰從服。

從服有六，有屬從，有徒從，有從有服而無服，有從無服而有服，有從重而輕，有從輕而重。

自仁率親，等而上之至于祖，名曰輕。自義率祖，順而下之至于禰，名曰重。一輕一重，其義然也。

君有合族之道，族人不得以其戚戚君，位也。

庶子不祭，明其宗也。庶子不得爲長子三年，不祭祖也。别子爲祖，繼别爲宗，繼禰者爲小宗。有百世不遷之宗，有五世則遷之宗。百世不遷者，别子之後也。宗其繼别子者，百世不遷者也。宗其繼高祖者，五世則遷者也。尊祖故敬宗。敬宗，尊祖之義也。

有小宗而無大宗者，有大宗而無小宗者，有無宗亦莫之宗者，公子是也。公子有宗道。公子之公，爲其士大夫之庶者，宗其士大夫之適者，公子之宗道也。

絶族無移服，親者屬也。

自仁率親，等而上之至于祖，自義率祖，順而下之至于禰。是故人道親親也。親親故尊祖，尊祖故敬宗，敬宗故收族，收族故宗廟嚴，宗廟嚴故重社稷，重社稷故愛百姓，愛百姓故刑罰中，刑罰中故庶民安，庶民安故財用足，財用足故百志成，百志成故禮俗刑，禮俗刑然後樂。《詩》云：『不顯不承，無斁于人斯。』此之謂也。

少儀第十七

聞始見君子者，辭曰『某固願聞名于將命者』，不得階主；敵者曰『某固願見』。罕見曰『聞名』，亟見曰『朝夕』。瞽曰『聞名』。

適有喪者曰『比』，童子曰『聽事』。

適公卿之喪，則曰『聽役于司徒』。

君將適他，臣如致金玉貨貝于君，則曰『致馬資于有司』；敵者曰『贈從者』。

臣致襚于君，則曰『致廢衣于賈人』；敵者曰『襚』。

親者兄弟，不以襚進。

臣爲君喪，納貨貝于君，則曰『納甸于有司』。

賵馬入廟門，賻馬與其幣，大白兵車，不入廟門。

賻者既致命，坐委之，擯者舉之，主人無親受也。

受立授立，不坐，性之直者，則有之矣。

始入而辭，曰『辭矣』。即席，曰『可矣』。排闔，說屨于戶內者，一人而已矣。有尊長在，則否。

問品味，曰『子亟食于某乎？』問道藝，曰『子習于某乎？子善于某乎？』

不疑在躬，不度民械，不願于大家，不訾重器。

氾埽曰埽，埽席前曰拚。拚席不以鬣，執箕膺擖。

不貳問。問卜筮曰：『義與？志與？』義則可問，志則否。

尊長于己逾等，不敢問其年。燕見不將命。遇于道，見則面，不請所之。喪俟事，不犆吊。侍坐，弗使，不執琴瑟，不畫地，手無容，不翣也。寢，則坐而將命。侍射則約矢，侍投則擁矢。勝則洗而以請。客亦如之。不角，不擢馬。

執君之乘車則坐。僕者右帶劍，負良綏，申之面，拕諸幦，以散綏升，執轡然後步。

請見不請退。朝廷曰退，燕游曰歸，師役曰罷。

侍坐于君子，君子欠伸、運笏、澤劍首、還屨、問日之蚤莫，雖請退可也。

事君者量而後入，不入而後量。凡乞假于人，爲人從事者亦然。然，故上無怨而下遠罪也。

不窺密，不旁狎，不道舊故，不戲色。

爲人臣下者，有諫而無訕，有亡而無疾，頌而無諂，諫而無驕。怠則張而相之，廢則埽而更之，謂之社稷之役。

毋拔來，毋報往，毋瀆神，毋循枉，毋測未至。士依于德，游于藝。工依于法，游于説。毋訾衣服成器，毋身質言語。

言語之美，穆穆皇皇；朝廷之美，濟濟翔翔；祭祀之美，齊齊皇皇；車馬之美，匪匪翼翼；鸞和之美，肅肅雍雍。

問國君之子長幼，長，則曰『能從社稷之事矣』；幼，則曰『能御』『未能御』。問大夫之子長幼，長，則曰『能從樂人之事矣』；幼，則曰『能正于樂人』『未能正于樂人』。問士之子長幼，長，則曰『能耕矣』；幼，則曰『能負薪』『未能負薪』。

執玉、執龜筴不趨，堂上不趨，城上不趨。武車不式，介者不拜。

婦人吉事，雖有君賜，肅拜；爲尸坐，則不手拜，肅拜；爲喪主，則不手拜。葛絰而麻帶。

取俎、進俎不坐。執虛如執盈，入虛如有人。

凡祭，于室中、堂上無跣，燕則有之。

未嘗不食新。

僕于君子，君子升下則授綏，始乘則式。君子下行，然後還立。

乘貳車則式，佐車則否。貳車者，諸侯七乘，上大夫五乘，下大夫三乘。

有貳車者之乘馬、服車不齒。觀君子之衣服、服劍、乘馬弗賈。

其以乘壺酒、束脩、一犬賜人。若獻人，則陳酒、執脩以將命，亦曰『乘壺酒、束脩、一犬』。其以鼎肉，則執以將命。其禽加于一雙，則執一雙以將命，委其餘。犬則執緤，守犬、田犬則授擯者，既受，乃問犬名。牛則執紖，馬則執靮，皆右之。臣則左之。車則說綏，執以將命。甲，若有以前之，則執以將命；無以前之，則袒櫜奉胄。器則執蓋，弓則以左手屈韣執拊。劍則啓櫝，蓋襲之，加夫襓與劍焉。笏、書、脩、苞苴、弓、茵、席、枕、几、熲、杖、琴、瑟、戈有刃者櫝、筴、籥，其執之，皆尚左手。刀，却刃授穎，削授拊。凡有刺刃者，以授人則辟刃。

乘兵車，出先刃，入後刃。軍尚左，卒尚右。

賓客主恭，祭祀主敬，喪事主哀，會同主詡。

軍旅思險，隱情以虞。

燕侍食于君子，則先飯而後已。毋放飯，毋流歠，小飯而亟之，數噍，毋爲口容。

客自徹，辭焉則止。

客爵居左，其飲居右。介爵、酢爵、僎爵，皆居右。

羞濡魚者進尾。冬右腴，夏右鰭，祭膴。

凡齊，執之以右，居之以左。

贊幣自左，詔辭自右。

酌尸之僕，如君之僕。其在車，則左執轡，右受爵，祭左右軓、范，乃飲。

凡羞有俎者，則于俎内祭。君子不食圂腴。小子走而不趨，舉爵則坐立飲。

凡洗必盥。牛羊之肺，離而不提心。凡羞有湆者，不以齊。爲君子擇葱薤，則絶其本末。羞首者，進喙祭耳。尊者以酌者之左爲上尊。尊壺者面其鼻。飲酒者、禨者、醮者，有折俎不坐。未步爵，不嘗羞。牛與羊魚之腥，聶而切之爲膾。麋鹿爲菹，野豕爲軒，皆聶而不切。麕爲辟鷄，兔爲宛脾，皆聶而切之。切葱若薤實之，醯以柔之。其有折俎者，取祭肺，反之，不坐，燔亦如之。尸則坐。

衣服在躬，而不知其名爲罔。

其未有燭，而有後至者，則以在者告。道瞽亦然。凡飲酒，爲獻主者，執燭抱燋，客作而辭，然後以授人。執燭不讓，不辭，不歌。

洗、盥、執食飲者，勿氣。有問焉，則辟咡而對。

爲人祭曰致福，爲己祭而致膳于君子曰膳，祔、練曰告。凡膳、告于君子，主人展之，以授使者于阼階之南，南面，再拜稽首送，反命，主人又再拜稽首。其禮，大牢則以牛左肩、臂、臑折九个，少牢則以羊左肩七个，犆豕則以豕左肩五个。

國家靡敝，則車不雕幾，甲不組縢，食器不刻鏤，君子不履絲屨，馬不常秣。

禮記卷第三十六

學記第十八

發慮憲，求善良，足以謏聞，不足以動衆。就賢體遠，足以動衆，未足以化民。君子如欲化民成俗，其必由學乎！

玉不琢，不成器；人不學，不知道。是故古之王者建國君民，教學爲先。《兑命》曰：『念終始典于學。』其此之謂乎！

雖有嘉肴，弗食，不知其旨也；雖有至道，弗學，不知其善也。是故學然後知不足，教然後知困。知不足，然後能自反也；知困，然後能自强也。故曰『教學相長也』。《兑命》曰：『學學半。』其此之謂乎！

古之教者，家有塾，黨有庠，術有序，國有學。比年入學，中年考校。一年視離經辨志，三年視敬業樂群，五年視博習親師，七年視論學取友，謂之小成。九年知類通達，强立而不反，謂之大成。夫然後足以化民易俗，近者説服，而遠者懷之。此大學之道也。《記》曰：『蛾子時術之。』其此之謂乎！

大學始教，皮弁祭菜，示敬道也。《宵雅》肄三，官其始也。入學鼓篋，孫其業也。夏、楚二物，收其威也。未卜禘，不視學，游其志也。時觀而弗語，存其心也。幼者聽而弗問，學不躐等也。此七者，教之大倫也。《記》曰：『凡學，官先事，士先志。』其此之謂乎！

大學之教也，時。教必有正業，退息必有居。學，不學操縵，不能安弦；不學博依，不能安《詩》；不學雜服，不能安禮；不興其藝，不能樂學。故君子之于學也，藏焉，脩焉，息焉，游焉。夫然，故安其學而親其師，樂其友而信其道。是以雖離師輔而不反也。《兑命》曰：『敬孫務時敏，厥脩乃來。』其此之謂乎！

今之教者，呻其占畢，多其訊，言及于數，進而不顧其安，使人不由其誠，教人不盡其材，其施之也悖，其求之也佛。夫然，故隱其學而疾其師，苦其難而不知其益也。雖終其業，其去之必速。教之不刑，其此之由乎！

大學之法，禁于未發之謂豫，當其可之謂時，不陵節而施之謂孫，相觀而善之謂摩。此四者，教之所由興也。

發然後禁，則扞格而不勝；時過然後學，則勤苦而難成；雜施而不孫，則壞亂而不脩；獨學而無友，則孤陋而寡聞；燕朋逆其師；燕辟廢其學。此六者，教之所由廢也。

君子既知教之所由興，又知教之所由廢，然後可以爲人師也。故君子之教喻也，道而弗牽，强而弗抑，開而弗達。道而弗牽則和，强而弗抑則易，開而弗達則思。和易以思，可謂善喻矣。

學者有四失，教者必知之。人之學也，或失則多，或失則寡，或失則易，或失則止。此四者，心之莫同也。知其心，然後能救其失也。教也者，長善而救其失者也。

善歌者使人繼其聲，善教者使人繼其志。其言也約而達，微而臧，罕譬而喻，可謂繼志矣。

君子知至學之難易，而知其美惡，然後能博喻；能博喻然後能爲師；能爲師然後能爲長；能爲長然後能爲君。故師也者，所以學爲君也。是故擇師不可不慎也。《記》曰：「三王、四代唯其師。」此之謂乎！

凡學之道，嚴師爲難。師嚴然後道尊，道尊然後民知敬學。是故君之所不臣于其臣者二：當其爲尸，則弗臣也；當其爲師，則弗臣也。大學之禮，雖詔于天子，無北面，所以尊師也。

善學者師逸而功倍，又從而庸之；不善學者師勤而功半，又從而怨之。善問者如攻堅木，先其易者，後其節目，及其久也，相說以解；不善問者反此。善待問者如撞鐘，叩之以小者則小鳴，叩之以大者則大鳴，待其從容，然後盡其聲；不善答問者反此。此皆進學之道也。

記問之學，不足以爲人師，必也其聽語乎！力不能問，然後語之。語之而不知，雖捨之可也。

良冶之子，必學爲裘；良弓之子，必學爲箕；始駕者反之，車在馬前。君子察于此三者，可以有志于學矣。

古之學者，比物醜類。鼓無當于五聲，五聲弗得不和。水無當于五色，五色弗得不章。學無當于五官，五官弗得不治。師無當于五服，五服弗得不親。

君子曰：『大德不官，大道不器，大信不約，大時不齊。察于此四者，可以有志于學矣。』三王之祭川也，皆先河而後海，或源也，或委也。此之謂務本。

禮記卷第三十七

樂記第十九

凡音之起，由人心生也。人心之動，物使之然也。感于物而動，故形于聲。聲相應，故生變，變成方，謂之音。比音而樂之，及干戚、羽旄，謂之樂。

樂者，音之所由生也，其本在人心之感于物也。是故其哀心感者，其聲噍以殺；其樂心感者，其聲嘽以緩；其喜心感者，其聲發以散；其怒心感者，其聲粗以厲；其敬心感者，其聲直以廉；其愛心感者，其聲和以柔。六者非性也，感于物而後動。是故先王慎所以感之者。故禮以道其志，樂以和其聲，政以一其行，刑以防其奸。禮、樂、刑、政，其極一也，所以同民心而出治道也。

凡音者，生人心者也。情動于中，故形于聲。聲成文，謂之音。是故治世之音，安以樂，其政和；亂世之音，怨以怒，其政乖；亡國之音，哀以思，其民困。聲音之道，與政通矣。

宫爲君，商爲臣，角爲民，徵爲事，羽爲物。五者不亂，則無怗懘之音矣。宫亂則荒，其君驕；商亂則陂，其官壞；角亂則憂，其民怨；徵亂則哀，其事勤；羽亂則危，其財匱。五者皆亂，迭相陵，謂之慢。如此，則國之滅亡無日矣。

鄭、衛之音，亂世之音也，比于慢矣。桑間、濮上之音，亡國之音也，其政散，其民流，誣上行私而不可止也。

凡音者，生于人心者也；樂者，通倫理者也。是故知聲而不知音者，禽獸是也；知音而不知樂者，衆庶是也。唯君子爲能知樂。是故審聲以知音，審音以知樂，審樂以知政，而治道備矣。是故不知聲者，不可與言音；不知音者，不可與言樂。知樂，則幾于禮矣。禮樂皆得，謂之有德。德者，得也。是故樂之隆，非極音也；食饗之禮，非致味也。《清廟》之瑟，朱弦而疏越，壹倡而三嘆，有遺音者矣。大饗之禮，尚玄酒而俎腥魚。大羹不和，有遺味者矣。是故先王之制禮樂也，非以極口腹耳目之欲也，將以教民平好惡，而反人道之正也。

人生而静，天之性也。感于物而動，性之欲也。物至知知，然後好惡形焉。好惡無節于内，知誘于外，不能反躬，天理滅矣。夫物之感人無窮，而人之好惡無節，則是物至而人化物也。人化物也者，滅天理而窮人欲者也。于是有悖逆詐僞之心，有淫泆作亂之事。是故强者脅弱，衆者暴寡，知者詐愚，勇者苦怯，疾病不養，老幼孤獨不得其所，此大亂之道也。

是故先王之制禮樂，人爲之節。衰麻哭泣，所以節喪紀也；鐘鼓干戚，所以和安樂也；昏姻冠笄，所以别男女也；射、鄉食饗，所以正交接也。禮節民心，樂和民聲，政以行之，刑以防之。禮、樂、刑、政，四達而不悖，則王道備矣。

樂者爲同，禮者爲異。同則相親，異則相敬。樂勝則流，禮勝則離。合情飾貌者，禮樂之事也。禮義立，則貴賤等矣；樂文同，則上下和矣；好惡著，則賢不肖别矣；刑禁暴，爵舉賢，則政均矣。仁以愛之，義以正之。如此，則民治行矣。

樂由中出，禮自外作。樂由中出，故静；禮自外作，故文。大樂必易，大禮必簡。樂至則無怨，禮至則不争。揖讓而治天下者，禮樂之謂也。暴民不作，諸侯賓服，兵革不試，五刑不用，百姓無患，天子不怒，如此，則樂達矣。合父子之親，明長幼之序，以敬四海之内，天子如此，則禮行矣。

大樂與天地同和，大禮與天地同節。和，故百物不失；節，故祀天祭地。明則有禮樂，幽則有鬼神。如此，則四海之内，合敬同愛矣。禮者，殊事合敬者也；樂者，異文合愛者也。禮樂之情同，故明王以相沿也。故事與時並，名與功偕。

故鐘鼓管磬，羽籥干戚，樂之器也；屈伸俯仰，綴兆舒疾，樂之文也。簠簋俎豆，制度文章，禮之器也；升降上下，周還裼襲，禮之文也。故知禮樂之情者能作，識禮樂之文者能述。作者之謂聖，述者之謂明。明聖者，述作之謂也。

樂者，天地之和也；禮者，天地之序也。和，故百物皆化；序，故群物皆别。樂由天作，禮以地制。過制則亂，過作則暴。明于天地，然後能興禮樂也。

論倫無患，樂之情也；欣喜歡愛，樂之官也。中正無邪，禮之質也；莊敬恭順，禮之制也。若夫禮樂之施于金石，越于聲音，用于宗廟社稷，事乎山川鬼神，則此所與民同也。

王者功成作樂，治定制禮。其功大者其樂備，其治辯者其禮具。干戚之舞，非備樂也；孰亨而祀，非達禮也。五帝殊時，不相沿樂；三王異世，不相襲禮。樂極則憂，禮粗則偏矣。及夫敦樂而無憂，禮備而不偏者，其唯大聖乎？

天高地下，萬物散殊，而禮制行矣。流而不息，合同而化，而樂興焉。春作夏長，仁也；秋斂冬藏，義也。仁近于樂，義近于禮。樂者敦和，率神而從天；禮者別宜，居鬼而從地。故聖人作樂以應天，制禮以配地。禮樂明備，天地官矣。

天尊地卑，君臣定矣。卑高已陳，貴賤位矣；動靜有常，小大殊矣。方以類聚，物以群分，則性命不同矣。在天成象，在地成形。如此，則禮者，天地之別也。地氣上齊，天氣下降，陰陽相摩，天地相蕩，鼓之以雷霆，奮之以風雨，動之以四時，暖之以日月，而百化興焉。如此，則樂者，天地之和也。化不時則不生，男女無辨則亂升，天地之情也。

及夫禮樂之極乎天而蟠乎地，行乎陰陽而通乎鬼神，窮高極遠而測深厚。樂著大始，而禮居成物。著不息者，天也；著不動者，地也。一動一靜者，天地之間也。故聖人曰『禮樂』云。

樂記第十九

昔者舜作五弦之琴以歌《南風》，夔始制樂以賞諸侯。故天子之爲樂也，以賞諸侯之有德者也。德盛而教尊，五穀時熟，然後賞之以樂。故其治民勞者，其舞行綴遠；其治民逸者，其舞行綴短。

故觀其舞，知其德；聞其謚，知其行也。《大章》，章之也。《咸池》，備矣。《韶》，繼也。《夏》，大也。殷、周之樂，盡矣。

天地之道，寒暑不時則疾，風雨不節則饑。教者，民之寒暑也，教不時則傷世；事者，民之風雨也，事不節則無功。然則先王之爲樂也，以法治也，善則行象德矣。

夫豢豕爲酒，非以爲禍也，而獄訟益繁，則酒之流生禍也。是故先王因爲酒禮，壹獻之禮，賓主百拜，終日飲酒而不得醉焉。此先王之所以備酒禍也。故酒食者，所以合歡也；樂者，所以象德也；禮者，所以綴淫也。是故先王有大事，必有禮以哀之；有大福，必有禮以樂之。哀樂之分，皆以禮終。樂也者，聖人之所樂也，而可以善民心。其感人深，其移風易俗，故先王著其教焉。

夫民有血氣心知之性，而無哀樂喜怒之常，應感起物而動，然後心術形焉。是故志微、噍殺之音作，而民思憂；嘽諧、慢易、繁文、簡節之音作，而民康樂；粗厲、猛起、奮末、廣賁之音作，而民剛毅；廉直、勁正、莊誠之音作，而民肅敬；寬裕、肉好、順成、和動之音作，而民慈愛；流辟、邪散、狄成、滌濫之音作，而民淫亂。

是故先王本之情性，稽之度數，制之禮義，合生氣之和，道五常之行，使之陽而不散，陰而不密，剛氣不怒，柔氣不懾，四暢交于中，而發作于外，皆安其位而不相奪也。然後立之學等，廣其節奏，省其文采，以繩德厚，律小大之稱，比終始之序，以象事行，使親疏、貴賤、長幼、男女之理，皆形見于樂，故曰『樂觀其深矣』。

土敝則草木不長，水煩則魚鱉不大，氣衰則生物不遂，世亂則禮慝而樂淫。是故其聲哀而不莊，樂而不安，慢易以犯節，流湎以忘本；廣則容奸，狹則思欲；感條暢之氣，而滅平和之德。是以君子賤之也。

凡奸聲感人，而逆氣應之；逆氣成象，而淫樂興焉。正聲感人，而順氣應之；

順氣成象，而和樂興焉。倡和有應，回邪曲直，各歸其分，而萬物之理，各以類相動也。是故君子反情以和其志，比類以成其行。奸聲亂色，不留聰明；淫樂慝禮，不接心術。惰慢邪辟之氣，不設于身體，使耳、目、鼻、口、心知、百體，皆由順正，以行其義。

然後發以聲音，而文以琴瑟，動以干戚，飾以羽旄，從以簫管。奮至德之光，動四氣之和，以著萬物之理。是故清明象天，廣大象地，終始象四時，周還象風雨。五色成文而不亂，八風從律而不奸，百度得數而有常。小大相成，終始相生，倡和清濁，迭相爲經。故樂行而倫清，耳目聰明，血氣和平，移風易俗，天下皆寧。

故曰：樂者，樂也。君子樂得其道，小人樂得其欲。以道制欲，則樂而不亂；以欲忘道，則惑而不樂。是故君子反情以和其志，廣樂以成其教。樂行而民鄉方，可以觀德矣。德者，性之端也；樂者，德之華也。金石絲竹，樂之器也。詩，言其志也；歌，詠其聲也；舞，動其容也。三者本于心，然後樂器從之。是故情深而文明，氣盛而化神，和順積中，而英華發外，唯樂不可以爲僞。

樂者，心之動也；聲者，樂之象也。文采節奏，聲之飾也。君子動其本，樂其象，然後治其飾。是故先鼓以警戒，三步以見方，再始以著往，復亂以飭歸，奮疾而不拔，極幽而不隱，獨樂其志，不厭其道；備舉其道，不私其欲。是故情見而義立，樂終而德尊，君子以好善，小人以聽過。故曰：生民之道，樂爲大焉。

樂也者，施也；禮也者，報也。樂，樂其所自生；而禮，反其所自始。樂章德，禮報情，反始也。

所謂大輅者，天子之車也。龍旂九旒，天子之旌也。青黑緣者，天子之寶龜也。從之以牛羊之群，則所以贈諸侯也。

樂也者，情之不可變者也；禮也者，理之不可易者也。樂統同，禮辨異。禮樂之説，管乎人情矣。

窮本知變，樂之情也；著誠去僞，禮之經也。禮樂偩天地之情，達神明之德，降興上下之神，而凝是精粗之體，領父子君臣之節。

是故大人舉禮樂，則天地將爲昭焉。天地訢合，陰陽相得，煦嫗覆育萬物，然後草木茂，區萌達，羽翼奮，角觡生，蟄蟲昭蘇，羽者嫗伏，毛者孕鬻，胎生者不殰，而卵生者不殈，則樂之道歸焉耳。

樂者，非謂黃鐘、大呂、弦歌、干揚也，樂之末節也，故童者舞之。鋪筵席，陳尊俎，列籩豆，以升降爲禮者，禮之末節也，故有司掌之。樂師辨乎聲詩，故北面而弦；宗祝辨乎宗廟之禮，故後尸；商祝辨乎喪禮，故後主人。是故德成而上，藝成而下；行成而先，事成而後。是故先王有上有下，有先有後，然後可以有制于天下也。

魏文侯問于子夏曰：『吾端冕而聽古樂，則唯恐卧；聽鄭衛之音，則不知倦。敢問古樂之如彼，何也？新樂之如此，何也？』

子夏對曰：『今夫古樂，進旅退旅，和正以廣，弦匏笙簧，會守拊鼓。始奏以文，復亂以武。治亂以相，訊疾以雅。君子于是語，于是道古。脩身及家，平均天下。此古樂之發也。

禮記卷第三十九

樂記第十九

『今夫新樂，進俯退俯，奸聲以濫，溺而不止。及優、侏儒，獶雜子女，不知父子。樂終，不可以語，不可以道古。此新樂之發也。今君之所問者樂也，所好者音也！夫樂者，與音相近而不同。』文侯曰：『敢問何如？』

子夏對曰：『夫古者天地順而四時當，民有德而五穀昌，疾疢不作而無妖祥，此之謂大當。然後聖人作爲父子君臣，以爲紀綱。紀綱既正，天下大定。天下大定，然後正六律，和五聲，弦歌《詩·頌》，此之謂德音，德音之謂樂。《詩》云：「莫其德音，其德克明。克明克類，克長克君。王此大邦，克順克俾。俾于文王，其德靡悔。既受帝祉，施于孫子。」此之謂也。今君之所好者，其溺音乎？』文侯曰：『敢問溺音何從出也？』

子夏對曰：『鄭音好濫淫志，宋音燕女溺志，衛音趨數煩志，齊音敖辟喬志。此四者，皆淫于色而害于德，是以祭祀弗用也。

『《詩》云：「肅雍和鳴，先祖是聽。」夫肅，肅敬也；雍，雍和也。夫敬以和，何事不行？

『爲人君者，謹其所好惡而已矣。君好之，則臣爲之。上行之，則民從之。《詩》云「誘民孔易」。此之謂也。

『然後聖人作爲鼗、鼓、椌、楬、壎、篪。此六者，德音之音也。然後鍾、磬、竽、瑟以和之，干、戚、旄、狄以舞之。此所以祭先王之廟也，所以獻、酬、酳、酢也，所以官序貴賤各得其宜也，所以示後世有尊卑長幼之序也。

『鍾聲鏗，鏗以立號，號以立橫，橫以立武。君子聽鍾聲，則思武臣。石聲磬，磬以立辨，辨以致死。君子聽磬聲，則思死封疆之臣。絲聲哀，哀以立廉，廉以立志。君子聽琴瑟之聲，則思志義之臣。竹聲濫，濫以立會，會以聚衆。君子聽竽、笙、簫、管之聲，則思畜聚之臣。鼓鼙之聲讙，讙以立動，動以進衆。君子聽鼓鼙之聲，則思將帥之臣。君子之聽音，非聽其鏗鎗而已也，彼亦有所合之也。』

賓牟賈侍坐于孔子，孔子與之言，及樂，曰：『夫《武》之備戒之已久，何也？』

對曰：『病不得衆也。』

『咏嘆之，淫液之，何也？』對曰：『恐不逮事也。』『發揚蹈厲之已蚤，何也？』對曰：『及時事也。』『《武》坐，致右憲左，何也？』對曰：『非《武》坐也。』『聲淫及商，何也？』對曰：『非《武》音也。』子曰：『若非《武》音，則何音也？』對曰：『有司失其傳也。若非有司失其傳，則武王之志荒矣。』子曰：『唯。丘之聞諸萇弘，亦若吾子之言是也。』

賓牟賈起，免席而請曰：『夫《武》之備戒之已久，則既聞命矣，敢問遲之遲而又久，何也？』子曰：『居，吾語汝。夫樂者，象成者也；揔干而山立，武王之事也；發揚蹈厲，大公之志也。《武》亂皆坐，周、召之治也。

『且夫《武》，始而北出，再成而滅商，三成而南，四成而南國是疆，五成而分周公左、召公右，六成復綴以崇。

『天子夾振之而駟伐，盛威于中國也。分夾而進，事蚤濟也。久立于綴，以待諸侯之至也。且女獨未聞牧野之語乎？武王克殷反商，未及下車而封黃帝之後于薊，封帝堯之後于祝，封帝舜之後于陳；下車而封夏后氏之後于杞，投殷之後于宋，封王子比干之墓，釋箕子之囚，使之行商容而復其位。庶民弛政，庶士倍禄。濟河而西，馬散之華山之陽而弗復乘，牛散之桃林之野而弗復服，車甲釁而藏之府庫而弗復用，倒載干戈，包之以虎皮，將帥之士使爲諸侯，名之曰「建櫜」。然後天下知武王之不復用兵也。

『散軍而郊射，左射《貍首》，右射《騶虞》，而貫革之射息也。裨冕搢笏，而虎賁之士説劍也。祀乎明堂，而民知孝。朝覲，然後諸侯知所以臣；耕藉，然後諸侯知所以敬。五者，天下之大教也。食三老、五更于大學，天子袒而割牲，執醬而饋，執爵而酳，冕而揔干，所以教諸侯之弟也。若此，則周道四達，禮樂交通，則夫《武》之遲久，不亦宜乎！』

君子曰：禮樂不可斯須去身。致樂以治心，則易、直、子、諒之心油然生矣。易、直、子、諒之心生則樂，樂則安，安則久，久則天，天則神。天則不言而信，神則不怒而威，致樂以治心者也。

致禮以治躬，則莊敬，莊敬則嚴威。心中斯須不和不樂，而鄙詐之心入之矣。外貌斯須不莊不敬，而易慢之心入之矣。

故樂也者，動于内者也；禮也者，動于外者也。樂極和，禮極順，内和而外順，則民瞻其顔色而弗與争也，望其容貌而民不生易慢焉。故德煇動于内，而民莫不承聽；理發諸外，而民莫不承順。故曰：致禮樂之道，舉而錯之天下，無難矣。

樂也者，動于内者也；禮也者，動于外者也。故禮主其減，樂主其盈。禮減而進，以進爲文；樂盈而反，以反爲文。禮減而不進則銷，樂盈而不反則放。故禮有報而樂有反。禮得其報則樂，樂得其反則安。禮之報，樂之反，其義一也。

夫樂者，樂也，人情之所不能免也。樂必發于聲音，形于動静，人之道也。聲音動静，性術之變，盡于此矣。

故人不耐無樂，樂不耐無形。形而不爲道，不耐無亂。

先王耻其亂，故制《雅》《頌》之聲以道之，使其聲足樂而不流，使其文足論而不息，使其曲直、繁瘠、廉肉、節奏，足以感動人之善心而已矣，不使放心邪氣得接焉。是先王立樂之方也。

是故樂在宗廟之中，君臣上下同聽之，則莫不和敬；在族長鄉里之中，長幼同聽之，則莫不和順；在閨門之內，父子兄弟同聽之，則莫不和親。故樂者，審一以定和，比物以飾節，節奏合以成文，所以合和父子君臣，附親萬民也。是先王立樂之方也。

故聽其《雅》《頌》之聲，志意得廣焉；執其干戚，習其俯仰詘伸，容貌得莊焉；行其綴兆，要其節奏，行列得正焉，進退得齊焉。故樂者，天地之命、中和之紀、人情之所不能免也。

夫樂者，先王之所以飾喜也；軍、旅、鈇、鉞者，先王之所以飾怒也。故先王之喜怒，皆得其儕焉。喜則天下和之，怒則暴亂者畏之。先王之道，禮樂可謂盛矣。

子贛見師乙而問焉，曰：『賜聞聲歌各有宜也，如賜者宜何歌也？』師乙曰：『乙，賤工也，何足以問所宜？請誦其所聞，而吾子自執焉。寬而靜、柔而正者，宜歌《頌》；廣大而靜、疏達而信者，宜歌《大雅》；恭儉而好禮者，宜歌

《小雅》；正直而静、廉而謙者，宜歌《風》；肆直而慈愛者，宜歌《商》；温良而能斷者，宜歌《齊》。夫歌者，直己而陳德也，動己而天地應焉，四時和焉，星辰理焉，萬物育焉。故《商》者，五帝之遺聲也，商人識之，故謂之《商》；《齊》者，三代之遺聲也，齊人識之，故謂之《齊》。明乎商之音者，臨事而屢斷；明乎齊之音者，見利而讓。臨事而屢斷，勇也；見利而讓，義也。有勇有義，非歌孰能保此？故歌者，上如抗，下如隊，曲如折，止如槀木，倨中矩，句中鈎，纍纍乎端如貫珠。故歌之爲言也，長言之也。説之，故言之；言之不足，故長言之；長言之不足，故嗟嘆之；嗟嘆之不足，故不知手之舞之、足之蹈之也。』《子貢問樂》。

禮記卷第四十

雜記上第二十

諸侯行而死于館，則其復如于其國。如于道，則升其乘車之左轂，以其綏復。其輤有裧，緇布裳帷，素錦以爲屋而行。

至于廟門，不毀墻，遂入，適所殯，唯輤爲説于廟門外。

大夫、士死于道，則升其乘車之左轂，以其綏復。如于館死，則其復如于家。大夫以布爲輤而行，至于家而説輤，載以輲車，入自門，至于阼階下而説車，舉自阼階，升適所殯。

士輤，葦席以爲屋，蒲席以爲裳帷。

凡訃于其君，曰『君之臣某死』；父母、妻、長子，曰『君之臣某之某死』；君訃于他國之君，曰『寡君不禄，敢告于執事』；夫人，曰『寡小君不禄』；大子之喪，曰『寡君之適子某死』。

大夫訃于同國適者，曰『某不禄』；訃于士，亦曰『某不禄』；訃于他國之君，曰『君之外臣寡大夫某死』；訃于適者，曰『吾子之外私寡大夫某不禄，使某實』；訃于士，亦曰『吾子之外私寡大夫某不禄，使某實』。

士訃于同國大夫，曰『某死』；訃于士，亦曰『某死』；訃于他國之君，曰『君之外臣某死』，訃于大夫，曰『吾子之外私某死』；訃于士，亦曰『吾子之外私某死』。大夫次于公館以終喪，士練而歸，士次于公館。大夫居廬，士居堊室。

大夫爲其父母兄弟之未爲大夫者之喪，服如士服。士爲其父母兄弟之爲大夫者之喪，服如士服。

大夫之適子，服大夫之服。

大夫之庶子爲大夫，則爲其父母服大夫服，其位與未爲大夫者齒。

士之子爲大夫，則其父母弗能主也，使其子主之。無子則爲之置後。

大夫卜宅與葬日，有司麻衣、布衰、布帶，因喪屨，緇布冠不蕤，占者皮弁。如筮，則史練冠長衣以筮，占者朝服。

大夫之喪，既薦馬，薦馬者哭踴，出乃包奠，而讀書。

大夫之喪，大宗人相，小宗人命龜，卜人作龜。

內子以鞠衣、褒衣，素沙。下大夫以禮衣，其餘如士。

復，諸侯以褒衣、冕服、爵弁服，夫人稅衣揄狄，狄稅素沙。

復西上。大夫不揄絞，屬于池下。

大夫附于士，士不附于大夫，附于大夫之昆弟。無昆弟則從其昭穆。雖王父母在，亦然。

婦附于其夫之所附之妃，無妃則亦從其昭穆之妃。妾附于妾祖姑，無妾祖姑則亦從其昭穆之妾。

男子附于王父則配，女子附于王母則不配。公子附于公子。君薨，大子號稱『子』，待猶君也。

禮記卷第四十一

雜記上第二十

有三年之練冠，則以大功之麻易之，唯杖、屨不易。

有父母之喪，尚功衰，而附兄弟之殤，則練冠附于殤，稱『陽童某甫』，不名，神也。

凡異居，始聞兄弟之喪，唯以哭對可也。其始麻，散帶絰。未服麻而奔喪，及主人之未成絰也，疏者與主人皆成之，親者終其麻帶絰之日數。

主妾之喪，則自祔，至于練、祥，皆使其子主之，其殯、祭不于正室。君不撫僕、妾。

女君死，則妾爲女君之黨服。攝女君，則不爲先女君之黨服。

聞兄弟之喪，大功以上，見喪者之鄉而哭。適兄弟之送葬者，弗及，遇主人于道，則遂之于墓。凡主兄弟之喪，雖疏，亦虞之。

凡喪服未畢，有吊者，則爲位而哭，拜，踴。

大夫之哭大夫，弁絰。大夫與殯，亦弁絰。

大夫有私喪之葛，則于其兄弟之輕喪則弁絰。

爲長子杖，則其子不以杖即位。

爲妻，父母在，不杖，不稽顙。

母在，不稽顙。稽顙者，其贈也，拜。

違諸侯，之大夫，不反服。違大夫，之諸侯，不反服。

喪冠，條屬，以别吉凶。三年之練冠，亦條屬，右縫。小功以下，左。緦冠，繰纓。

大功以上散帶。

朝服十五升，去其半而緦，加灰，錫也。

諸侯相襚，以後路與冕服。先路與褒衣不以襚。

遣車視牢具。

疏布輤，四面有章，置于四隅。

載粻，有子曰：『非禮也。喪奠，脯醢而已。』

祭，稱孝子、孝孫。喪，稱哀子、哀孫。

端衰，喪車，皆無等。

大白冠、緇布之冠，皆不蕤。委武，玄、縞而後蕤。

大夫冕而祭于公，弁而祭于己；士弁而祭于公，冠而祭于己。士弁而親迎，然則士弁而祭于己可也。

暢，臼以椈，杵以梧，枇以桑，長三尺，或曰五尺。畢用桑，長三尺，刊其柄與末。

率帶，諸侯、大夫皆五采，士二采。

醴者，稻醴也。瓮、甒、筲、衡，實見間，而後折入。

重，既虞而埋之。

凡婦人，從其夫之爵位。小斂、大斂、啓，皆辯拜。

朝夕哭，不帷。

無柩者，不帷。

君若載而後吊之，則主人東面而拜，門右北面而踴，出待，反而後奠。

子羔之襲也。繭衣裳與税衣、纁袡爲一，素端一，皮弁一，爵弁一，玄冕一。曾子曰：『不襲婦服。』

爲君使而死，公館復，私館不復。公館者，公宫與公所爲也。私館者，自卿大夫以下之家也。公七踊，大夫五踊，婦人居間，士三踊，婦人皆居間。

公襲：卷衣一，玄端一，朝服一，素積一，纁裳一，爵弁二，玄冕一，褒衣一，朱緑帶，申加大帶于上。

小斂，環絰，公、大夫、士一也。

公視大斂，公升，商祝鋪席，乃斂。

魯人之贈也，三玄二纁，廣尺，長終幅。

吊者即位于門西，東面。其介在其東南，北面西上，西于門。主孤西面。相者受命曰：『孤某使某請事。』客曰：『寡君使某，如何不淑！』相者入告，出曰：『孤某須矣。』吊者入，主人升堂，西面。吊者升自西階，東面，致命曰：『寡君聞君之喪，寡君使某，如何不淑！』子拜稽顙，吊者降，反位。

含者執璧將命曰：『寡君使某含。』相者入告，出曰：『孤某須矣。』含者入，升堂致命，再拜稽顙。含者坐委于殯東南，有葦席，既葬，蒲席。降，出反位。宰夫朝服，即喪屨，升自西階，西面坐取璧，降自西階以東。

襚者曰：『寡君使某襚。』相者入告，出曰：『孤某須矣。』襚者執冕服，左執領，右執要。入，升堂致命曰：『寡君使某襚。』子拜稽顙。委衣于殯東。襚者降，受爵弁服而門內霤，將命，子拜稽顙如初。受皮弁服于中庭，自西階受朝服，自堂受玄端，將命，子拜稽顙，皆如初。襚者降，出反位。宰夫五人舉以東，降自西階，其舉亦西面。

上介賵，執圭將命曰：『寡君使某賵。』相者入告，反命曰：『孤某須矣。』陳乘黃大路于中庭，北輈，執圭將命。客使自下由路西，子拜稽顙。坐委于殯東南隅。宰舉以東。

凡將命，鄉殯，將命，子拜稽顙，西面而坐委之。宰舉璧與圭，宰夫舉襚，升自西階，西面坐取之，降自西階。賵者出，反位于門外。

上客臨，曰：『寡君有宗廟之事，不得承事，使一介老某相執綍。』相者反命曰：『孤某須矣。』臨者入門右，介者皆從之，立于其左，東上。宗人納賓，升，受命于君。降曰：『孤敢辭吾子之辱，請吾子之復位！』客對曰：『寡君命，某毋敢視賓客，敢辭。』宗人反命曰：『孤敢固辭吾子之辱，請吾子之復位！』客對曰：『寡君命，某毋敢視賓客，敢固辭！』宗人反命曰：『孤敢固辭吾子之辱，請吾子之復位！』客對曰：『寡君命，使臣某毋敢視賓客，是以敢固辭。固辭不獲命，敢不敬從！』客立于門西，介立于其左，東上。孤降自阼階，拜之。升，哭，與客拾踊三。客出，送于門外，拜稽顙。

其國有君喪，不敢受吊。外宗房中南面，小臣鋪席，商祝鋪絞、紟、衾，士盥于盤北，舉遷尸于斂上，卒斂，宰告。子馮之踴。夫人東面坐馮之，興踴。士喪有與天子同者三，其終夜燎，及乘人，專道而行。

禮記卷第四十二

雜記下第二十一

有父之喪，如未沒喪而母死，其除父之喪也，服其除服。卒事，反喪服。雖諸父、昆弟之喪，如當父母之喪，其除諸父、昆弟之喪也，皆服其除喪之服。卒事，反喪服。如三年之喪，則既潁，其練、祥皆行。王父死，未練、祥而孫又死，猶是附于王父也。

有殯，聞外喪，哭之他室。入奠，卒奠出，改服即位，如始即位之禮。

大夫、士將與祭于公，既視濯而父母死，則猶是與祭也，次于異宮。既祭，釋服出公門外，哭而歸。其它如奔喪之禮。如未視濯，則使人告。告者反而後哭。如諸父、昆弟、姑、姊妹之喪，則既宿則與祭。卒事，出公門，釋服而後歸。其它如奔喪之禮。如同宮，則次于異宮。

曾子問曰：『卿大夫將爲尸于公，受宿矣，而有齊衰内喪，則如之何？』孔子曰：『出舍乎公宮以待事，禮也。』孔子曰：『尸弁冕而出，卿、大夫、士皆下之。尸必式，必有前驅。』

父母之喪，將祭，而昆弟死，既殯而祭。如同宫，則雖臣妾，葬而后祭。祭，主人之升、降、散等，執事者亦散等。雖虞、附亦然。

自諸侯達諸士，小祥之祭，主人之酢也嚌之，衆賓、兄弟則皆啐之。大祥，主人啐之，衆賓、兄弟皆飲之可也。

凡侍祭喪者，告賓祭薦而不食。

子貢問喪。子曰：『敬爲上，哀次之，瘠爲下。顔色稱其情，戚容稱其服。』『請問兄弟之喪。』子曰：『兄弟之喪，則存乎書策矣。』君子不奪人之喪，亦不可奪喪也。

孔子曰：『少連、大連善居喪，三日不怠，三月不解，期悲哀，三年憂，東夷之子也。』

三年之喪，言而不語，對而不問。廬、堊室之中，不與人坐焉。在堊室之中，非時見乎母也，不入門。疏衰皆居堊室，不廬。廬，嚴者也。

妻視叔父母，姑、姊妹視兄弟，長、中、下殤視成人。

親喪外除，兄弟之喪内除。

視君之母與妻，比之兄弟，發諸顔色者，亦不飲食也。

免喪之外，行于道路，見似目瞿，聞名心瞿，吊死而問疾，顔色戚容必有以異于人也。如此而後可以服三年之喪，其餘則直道而行之是也。

祥，主人之除也，于夕爲期，朝服。祥因其故服。

子游曰：『既祥，雖不當縞者，必縞，然後反服。』

當袒，大夫至，雖當踴，絶踴而拜之。反，改成踴，乃襲。于士，既事成踴，襲而後拜之，不改成踴。

上大夫之虞也，少牢；卒哭成事，附，皆大牢。下大夫之虞也，犆牲；卒哭成事，附，皆少牢。

祝稱卜葬虞，子孫曰哀，夫曰乃，兄弟曰某，卜葬其兄弟曰伯子某。

古者貴賤皆杖。叔孫武叔朝，見輪人以其杖關轂而輠輪者，于是有爵而後杖也。

鑿巾以飯，公羊賈爲之也。

冒者何也？所以揜形也。自襲以至小斂，不設冒則形，是以襲而後設冒也。

或問于曾子曰：『夫既遣而包其餘，猶既食而裹其餘與？君子既食則裹其餘乎？』曾子曰：『吾子不見大饗乎？夫大饗既饗，卷三牲之俎歸于賓館。父母而賓客之，所以爲哀也！子不見大饗乎？』

非爲人喪，問與？賜與？

三年之喪，以其喪拜；非三年之喪，以吉拜。

三年之喪，如或遺之酒肉，則受之，必三辭。主人衰絰而受之。

如君命，則不敢辭，受而薦之。喪者不遺人。人遺之，雖酒肉受也。從父、昆弟以下，既卒哭，遺人可也。縣子曰：『三年之喪如斬，期之喪如剡。』期之喪，十一月而練，十三月而祥，十五月而禫。三年之喪，雖功衰不吊，自諸侯達諸士。如有服而將往哭之，則服其服而往。練則吊。既葬，大功吊，哭而退，不聽事焉。期之喪未葬，吊于鄉人，哭而退，不聽事焉。功衰吊，待事不執事。小功緦執事不與于禮。

相趨也，出宮而退；相揖也，哀次而退；相問也，既封而退；相見也，反哭而退；朋友，虞、附而退。弔，非從主人也。四十者執紼。鄉人，五十者從反哭，四十者待盈坎。

喪食雖惡，必充飢，飢而廢事，非禮也；飽而忘哀，亦非禮也。視不明，聽不聰，行不正，不知哀，君子病之。故有疾飲酒食肉，五十不致毀，六十不毀，七十飲酒食肉，皆爲疑死。有服，人召之食，不往。大功以下，既葬，適人，人食之，其黨也食之，非其黨弗食也。功衰，食菜果，飲水漿，無鹽、酪，不能食食。鹽、酪可也。孔子曰：『身有瘍則浴，首有創則沐，病則飲酒食肉。毀瘠爲病，君子弗爲也。毀而死，君子謂之無子。』

非從柩與反哭，無免于堩。

凡喪，小功以上，非虞、附、練、祥無沐浴。

疏衰之喪，既葬，人請見之則見，不請見人。小功，請見人可也。大功不以執摯，唯父母之喪，不辟涕泣而見人。

三年之喪，祥而從政；期之喪，卒哭而從政；九月之喪，既葬而從政；小功緦之喪，既殯而從政。曾申問于曾子曰：『哭父母有常聲乎？』曰：『中路嬰兒失其母焉，何常聲之有？』

卒哭而諱。王父母、兄弟、世父、叔父、姑、姊妹，子與父同諱；母之諱，宮中諱；妻之諱，不舉諸其側；與從祖昆弟同名，則諱。

以喪冠者，雖三年之喪可也。既冠于次，入哭踴，三者三，乃出。

大功之末，可以冠子，可以嫁子。父小功之末，可以冠子，可以嫁子，可以取婦。己雖小功，既卒哭，可以冠，取妻，下殤之小功則不可。

禮記卷第四十三

雜記下第二十一

凡弁絰，其衰侈袂。

父有服，宮中子不與于樂。母有服，聲聞焉，不舉樂。妻有服，不舉樂于其側。

大功將至，辟琴瑟。小功至，不絶樂。

姑、姊妹，其夫死，而夫黨無兄弟，使夫之族人主喪。妻之黨雖親，弗主。夫若無族矣，則前後家、東西家，無有，則里尹主之。或曰主之，而附于夫之黨。

麻者不紳，執玉不麻。麻不加于采。

國禁哭則止，朝夕之奠即位，自因也。童子哭不偯，不踴，不杖，不菲，不廬。

孔子曰：『伯母、叔母疏衰，踴不絶地。姑、姊妹之大功，踴絶于地。如知此者，由文矣哉！由文矣哉！』

世柳之母死，相者由左。世柳死，其徒由右相。由右相，世柳之徒爲之也。

天子飯九貝，諸侯七，大夫五，士三。士三月而葬，是月也卒哭；大夫三月而葬，五月而卒哭；諸侯五月而葬，七月而卒哭。士三虞，大夫五，諸侯七。諸侯使人吊，其次含、襚、賵、臨，皆同日而畢事者也。其次如此也。卿大夫疾，君問之無筭；士壹問之。君于卿大夫，比葬不食肉，比卒哭不舉樂。爲士，比殯不舉樂。

升正柩，諸侯執綍五百人，四綍皆銜枚。司馬執鐸，左八人，右八人。匠人執羽葆御柩。大夫之喪，其升正柩也，執引者三百人，執鐸者左右各四人，御柩以茅。

孔子曰：『管仲鏤簋而朱紘，旅樹而反坫，山節而藻棁，賢大夫也，而難爲上也。晏平仲祀其先人，豚肩不揜豆，賢大夫也，而難爲下也。君子上不僭上，下不偪下。』

婦人非三年之喪，不逾封而吊。如三年之喪，則君夫人歸。夫人其歸也，以諸侯之吊禮；其待之也，若待諸侯然。夫人至，入自闈門，升自側階，君在阼。其他如奔喪禮然。

嫂不撫叔，叔不撫嫂。

君子有三患：未之聞，患弗得聞也；既聞之，患弗得學也；既學之，患弗能行也。君子有五耻：居其位，無其言，君子耻之；有其言，無其行，君子耻之；既得之而又失之，君子耻之；地有餘而民不足，君子耻之；衆寡均而倍焉，君子耻之。

孔子曰：『凶年則乘駑馬。祀以下牲。』

恤由之喪，哀公使孺悲之孔子，學士喪禮。《士喪禮》于是乎書。

子貢觀于蜡。孔子曰：『賜也，樂乎？』對曰：『一國之人皆若狂，賜未知其樂也。』子曰：『百日之蜡，一日之澤，非爾所知也。張而不弛，文武弗能也；弛而不張，文武弗爲也。一張一弛，文武之道也。』

孟獻子曰：『正月日至，可以有事于上帝；七月日至，可有事于祖。』七月而禘，獻子爲之也。

夫人之不命于天子，自魯昭公始也。外宗爲君、夫人，猶内宗也。

廐焚，孔子拜鄉人爲火來者。拜之，士壹，大夫再，亦相吊之道也。

孔子曰：『管仲遇盜，取二人焉，上以爲公臣，曰：「其所與游，辟也，可人也。」

管仲死，桓公使爲之服。宦于大夫者之爲之服也，自管仲始也，有君命焉爾也。』

過而舉君之諱，則起。與君之諱同，則稱字。

內亂不與焉，外患弗辟也。

《贊大行》曰：『圭，公九寸，侯、伯七寸，子、男五寸，博三寸，厚半寸。剡上左右各寸半，玉也。藻，三采六等。』哀公問子羔曰：『子之食奚當？』對曰：『文公之下執事也。』

成廟則釁之。其禮：祝、宗人、宰夫、雍人皆爵弁、純衣。雍人拭羊，宗人視之，宰夫北面于碑南，東上。雍人舉羊升屋自中，中屋南面，刲羊，血流于前，乃降。門、夾室皆用雞，先門而後夾室。其衈皆于屋下。割雞，門當門，夾室，中室。有司皆鄉室而立，門則有司當門北面。既事，宗人告事畢，乃皆退。反命于君曰：『釁某廟事畢。』反命于寢，君南鄉于門內，朝服。既反命，乃退。路寢成，則考之而不釁。釁屋者，交神明之道也。凡宗廟之器，其名者成，則釁之以豭豚。

諸侯出夫人，夫人比至于其國，以夫人之禮行。至，以夫人入。使者將命，曰：『寡君不敏，不能從而事社稷宗廟，使使臣某敢告于執事。』主人對曰：『寡君固前辭不教矣。寡君敢不敬須以俟命。』有司官陳器皿，主人有司亦官受之。妻出，夫使人致之曰：『某不敏，不能從而共粢盛，使某也敢告于侍者。』主人對曰：『某之子不肖，不敢辟誅，敢不敬須以俟命。』使者退，主人拜送之。如舅在則稱舅，舅没則稱兄，無兄則稱夫。主人之辭曰：『某之子不肖。』如姑、姊妹亦皆稱之。

孔子曰：『吾食于少施氏而飽，少施氏食我以禮。吾祭，作而辭曰：「疏食不足祭也。」吾飧，作而辭曰：「疏食也，不敢以傷吾子。」』

納幣一束，束五兩，兩五尋。婦見舅姑，兄弟、姑、姊妹皆立于堂下，西面，北上，是見已。見諸父，各就其寢。女雖未許嫁，年二十而笄，禮之，婦人執其禮。燕則鬈首。

韠長三尺，下廣二尺，上廣一尺，會去上五寸。紕以爵韋六寸，不至下五寸。純以素，紃以五采。

禮記卷第四十四

喪大記第二十二

疾病，外内皆埽。

君、大夫徹縣，士去琴瑟。寢東首于北牖下，廢床，徹褻衣，加新衣，體一人。

男女改服。屬纊以俟絶氣。男子不死于婦人之手，婦人不死于男子之手。

君、夫人卒于路寢，大夫、世婦卒于適寢。内子未命，則死于下室，遷尸于寢。

士、士之妻皆死于寢。

復，有林麓則虞人設階，無林麓則狄人設階。

小臣復，復者朝服。君以卷，夫人以屈狄；大夫以玄赬，世婦以襢衣；士以爵弁，士妻以稅衣。皆升自東榮，中屋履危，北面三號。捲衣投于前，司服受之，降自西北榮。

其爲賓，則公館復，私館不復；其在野，則升其乘車之左轂而復。

復衣不以衣尸，不以斂。婦人復，不以袡。凡復，男子稱名，婦人稱字。唯哭先復，復而後行死事。

始卒，主人啼，兄弟哭，婦人哭踴。

既正尸，子坐于東方，卿、大夫、父、兄、子姓立于東方，有司、庶士哭于堂下，北面；夫人坐于西方，内命婦、姑、姊妹、子姓立于西方，外命婦率外宗哭于堂上，北面。

大夫之喪，主人坐于東方，主婦坐于西方，其有命夫命婦則坐，無則皆立；士之喪，主人、父、兄、子姓皆坐于東方，主婦、姑、姊妹、子姓皆坐于西方。凡哭尸于室者，主人二手承衾而哭。

君之喪未小斂，爲寄公、國賓出；大夫之喪未小斂，爲君命出。士之喪，于大夫不當斂而出。

凡主人之出也，徒跣，扱衽，拊心，降自西階。君拜寄公、國賓于位。大夫于君命，迎于寢門外。使者升堂致命，主人拜于下。士于大夫親吊，則與之哭，不逆于門外。

夫人爲寄公夫人出，命婦爲夫人之命出，士妻不當斂則爲命婦出。

小斂，主人即位于户内，主婦東面，乃斂。卒斂，主人馮之踴，主婦亦如之。主人袒，説髦，括髮以麻。婦人髽，帶麻于房中。

徹帷，男女奉尸夷于堂，降拜。

君拜寄公、國賓，大夫、士拜卿大夫于位，于士旁三拜；夫人亦拜寄公夫人于堂上，大夫内子、士妻特拜命婦，氾拜衆賓于堂上。主人即位，襲帶絰踴。母之喪，即位而免，乃奠。吊者襲裘，加武帶絰，與主人拾踴。

君喪，虞人出木、角，狄人出壺，雍人出鼎，司馬縣之。乃官代哭。大夫，官代哭，不縣壺；士，代哭不以官。君堂上二燭、下二燭，大夫堂上一燭、下二燭，士堂上一燭、下一燭。

賓出，徹帷。

哭尸于堂上，主人在東方，由外來者在西方，諸婦南鄉。

婦人迎客、送客不下堂，下堂不哭；男子出寢門見人，不哭。其無女主，則男主拜女賓于寢門内；其無男主，則女主拜男賓于阼階下。子幼，則以衰抱之，人爲之拜；爲後者不在，則有爵者辭，無爵者，人爲之拜。在竟内則俟之，在竟外則殯葬可也。喪有無後，無無主。

君之喪三日，子、夫人杖；五日既殯，授大夫、世婦杖。子、大夫寢門之外杖，寢門之内輯之；夫人、世婦在其次則杖，即位則使人執之。子有王命則去杖，國君之命則輯杖，聽卜、有事于尸則去杖。大夫于君所則輯杖，于大夫所則杖。

大夫之喪，三日之朝既殯，主人、主婦、室老皆杖。大夫有君命則去杖，大夫之命則輯杖；内子爲夫人之命去杖，爲世婦之命授人杖。

士之喪，二日而殯，三日之朝，主人杖，婦人皆杖。于君命、夫人之命，如大夫；于大夫、世婦之命，如大夫。子皆杖，不以即位。大夫、士哭殯則杖，哭柩則輯杖。弃杖者，斷而弃之于隱者。

君設大盤，造冰焉；大夫設夷盤，造冰焉；士併瓦盤，無冰。設床，襢笫。有枕，含一床，襲一床，遷尸于堂又一床，皆有枕席。君、大夫、士一也。

始死，遷尸于床，幠用斂衾，去死衣。小臣楔齒用角柶，綴足用燕几，君、大夫、士一也。

管人汲，不説繘，屈之。盡階，不升堂，授御者。御者入浴，小臣四人抗衾，御者二人浴。浴水用盆，沃水用枓，浴用絺巾，挋用浴衣，如它日。小臣爪足，浴餘水弃于坎。其母之喪，則内御者抗衾而浴。

管人汲，授御者。御者差沐于堂上。君沐粱，大夫沐稷，士沐粱。甸人爲垼于西墻下，陶人出重鬲。管人受沐，乃煮之。甸人取所徹廟之西北厞薪，用爨之。管人授御者沐，乃沐。沐用瓦盤，挋用巾，如它日。小臣爪手翦須，濡濯弃于坎。

君之喪，子、大夫、公子、衆士皆三日不食。子、大夫、公子食粥，納財，朝一溢米，莫一溢米，食之無筭；士疏食水飲，食之無筭；夫人、世婦、諸妻皆疏食水飲，食之無筭。

大夫之喪，主人、室老、子姓皆食粥，衆士疏食水飲，妻妾疏食水飲。士亦如之。

既葬，主人疏食水飲，不食菜果；婦人亦如之，君、大夫、士一也。練而食菜果，祥而食肉。

食粥于盛，不盥，食于篹者盥。食菜以醯、醬。始食肉者，先食乾肉；始飲酒者，先飲醴酒。

期之喪，三不食。食疏食水飲，不食菜果。三月既葬，食肉飲酒。期，終喪不食肉，不飲酒。父在，爲母爲妻，九月之喪，食飲猶期之喪也。食肉飲酒，不與人樂之。

五月、三月之喪，壹不食，再不食，可也。比葬，食肉飲酒，不與人樂之。叔母、世母、故主、宗子，食肉飲酒。不能食粥，羹之以菜可也；有疾，食肉飲酒可也。五十不成喪。

七十唯衰麻在身。既葬，若君食之則食之，大夫、父之友食之則食之矣。不辟粱肉，若有酒醴則辭。

小斂于户内，大斂于阼。君以簟席，大夫以蒲席，士以葦席。

小斂：布絞，縮者一，横者三。君錦衾，大夫縞衾，士緇衾，皆一，衣十有九稱。君陳衣于序東，大夫、士陳衣于房中，皆西領，北上。絞、紟不在列。

禮記卷第四十五

喪大記第二十二

大斂：布絞，縮者三，橫者五。布紟，二衾。君、大夫、士一也。君陳衣于庭，百稱，北領，西上；大夫陳衣于序東，五十稱，西領，南上；士陳衣于序東，三十稱，西領，南上。絞、紟如朝服。絞一幅爲三，不辟。紟五幅，無紞。

小斂之衣，祭服不倒。君無襚。大夫、士畢主人之祭服。親戚之衣，受之，不以即陳。小斂，君、大夫、士皆用複衣複衾；大斂，君、大夫、士祭服無筭，君褶衣褶衾，大夫、士猶小斂也。

袍必有表，不禪，衣必有裳，謂之一稱。

凡陳衣者實之篋，取衣者亦以篋，升降者自西階。凡陳衣不詘，非列采不入，絺、綌、紵不入。

凡斂者袒，遷尸者襲。君之喪，大胥是斂，衆胥佐之；大夫之喪，大胥侍之，衆胥是斂；士之喪，胥爲侍，士是斂。

小斂大斂，祭服不倒，皆左衽，結絞不紐。

斂者既斂，必哭。士與其執事則斂，斂焉則爲之壹不食。凡斂者六人。

君錦冒黼殺，綴旁七；大夫玄冒黼殺，綴旁五；士緇冒赬殺，綴旁三。凡冒，質長與手齊，殺三尺。自小斂以往用夷衾，夷衾質殺之，裁猶冒也。

君將大斂，子弁絰，即位于序端。卿、大夫即位于堂廉楹西，北面，東上，父、兄堂下，北面；夫人、命婦尸西，東面，外宗房中南面。小臣鋪席，商祝鋪絞、紟、衾、衣，士盥于盤上，士舉遷尸于斂上。卒斂，宰告，子馮之踴，夫人東面亦如之。

大夫之喪，將大斂，既鋪絞、紟、衾、衣，君至，主人迎，先入門右，巫止于門外。君釋菜，祝先入，升堂。君即位于序端；卿、大夫即位于堂廉楹西，北面，東上。主人房外南面，主婦尸西，東面。遷尸。卒斂，宰告，主人降，北面于堂下，君撫之。主人拜稽顙。君降，升主人馮之，命主婦馮之。

士之喪，將大斂，君不在，其餘禮猶大夫也。鋪絞、紟踴，鋪衾踴，鋪衣踴，遷尸踴，斂衣踴，斂衾踴，斂絞、紟踴。君撫大夫，撫内命婦；大夫撫室老，撫侄、娣。君、大夫馮父母、妻、長子，不馮庶子；士馮父母、妻、長子、庶子。庶子有子，則父母不馮其尸。凡馮尸者，父母先，妻、子後。君于臣撫之，父母于子執之，子于父母馮之，婦于舅姑奉之，舅姑于婦撫之，妻于夫拘之，夫于妻、于昆弟執之。馮尸不當君所。凡馮尸，興必踴。

父母之喪，居倚廬，不塗，寢苫枕凷，非喪事不言。君爲廬，宮之；大夫、士襢之。

既葬，柱楣，塗廬，不于顯者；君、大夫、士皆宮之。

凡非適子者，自未葬，以于隱者爲廬。

既葬，與人立，君言王事，不言國事；大夫、士言公事，不言家事。

君既葬，王政入于國。既卒哭而服王事。大夫、士既葬，公政入于家。既卒哭，弁絰帶，金革之事無辟也。

既練，居堊室，不與人居。君謀國政，大夫、士謀家事。既祥，黝堊。祥而外無哭者，禫而内無哭者，樂作矣故也。

禫而從御，吉祭而復寢。期，居廬，終喪不御于内者。父在爲母、爲妻齊衰期者，大功布衰九月者，皆三月不御于内。婦人不居廬，不寢苫。喪父母，既練而歸。期、九月者，既葬而歸。

公之喪，大夫俟練，士卒哭而歸。

大夫、士父母之葬，既練而歸，朔月、忌日則歸哭于宗室。諸父、兄弟之喪，既卒哭而歸。

父不次于子，兄不次于弟。

君于大夫、世婦，大斂焉。爲之賜，則小斂焉。于外命婦，既加蓋而君至。于士，既殯而往。爲之賜，大斂焉。夫人于世婦，大斂焉。爲之賜，小斂焉。于諸妻，爲之賜，大斂焉。于大夫、外命婦，既殯而往。大夫、士既殯而君往焉，使人戒之。主人具殷奠之禮，俟于門外，見馬首，先入門右。巫止于門外，祝代之先。君釋菜于門内。祝先升自阼階，負墉南面。君即位于阼，小臣二人執戈立于前，二人立于後。擯者進，主人拜稽顙。君稱言，視祝而踴，主人踴。

大夫則奠可也。士則出俟于門外。命之反奠，乃反奠。卒奠，主人先俟于門外。君退，主人送于門外，拜稽顙。君于大夫疾，三問之；在殯，三往焉。士疾，壹問之；在殯，壹往焉。

君吊，則復殯服。

夫人吊于大夫、士，主人出迎于門外，見馬首，先入門右。夫人入，升堂即位。主婦降自西階，拜稽顙于下。夫人視世子而踴，奠如君至之禮。夫人退，主婦送于門内，拜稽顙。主人送于大門之外，不拜。

大夫、君不迎于門外，入即位于堂下。主人北面，衆主人南面；婦人即位于房中。若有君命、命夫命婦之命、四鄰賓客，其君後主人而拜。

君吊，見尸柩而後踴。

大夫、士，若君不戒而往，不具殷奠。君退，必奠。

君大棺八寸，屬六寸，椑四寸；上大夫大棺八寸，屬六寸；下大夫大棺六寸，屬四寸；士棺六寸。

君裏棺用朱綠，用雜金鐕；大夫裏棺用玄綠，用牛骨鐕；士不綠。

君蓋用漆，三衽三束；大夫蓋用漆，二衽二束；士蓋不用漆，二衽二束。

君、大夫鬊爪實于綠中，士埋之。

君殯用輴，欑至于上，畢塗屋；大夫殯以幬，欑置于西序，塗不暨于棺；士殯見衽，塗上帷之。

熬，君四種八筐，大夫三種六筐，士二種四筐，加魚腊焉。

飾棺：君龍帷、三池、振容、黼荒，火三列，黼三列，素錦褚，加僞荒；纁紐六，齊五采，五貝；黼翣二、黻翣二、畫翣二，皆戴圭；魚躍拂池。君纁戴六，纁披六。大夫畫帷，二池，不振容；畫荒，火三列，黻三列，素錦褚；纁紐二，玄紐二，齊三采，三貝；黻翣二，畫翣二，皆戴綏；魚躍拂池。大夫戴前纁後玄，披亦如之。士布帷，布荒，一池，揄絞；纁紐二，緇紐二；齊三采，一貝，畫翣二，皆戴綏。士戴前纁後緇，二披用纁。

君葬用輴，四綍二碑，御棺用羽葆。大夫葬用輴，二綍二碑，御棺用茅。士葬用國車，二綍無碑，比出宮，御棺用功布。

凡封，用綍去碑負引。君封以衡，大夫、士以咸。君，命毋嘩，以鼓封。大夫，命毋哭；士，哭者相止也。

君松椁，大夫柏椁，士雜木椁。

棺椁之間，君容柷，大夫容壺，士容甒。君裏椁、虞筐，大夫不裏椁，士不虞筐。

禮記卷第四十六

祭法第二十三

祭法：有虞氏禘黄帝而郊嚳，祖顓頊而宗堯。夏后氏亦禘黄帝而郊鯀，祖顓頊而宗禹。殷人禘嚳而郊冥，祖契而宗湯。周人禘嚳而郊稷，祖文王而宗武王。

燔柴于泰壇，祭天也；瘞埋于泰折，祭地也；用騂犢。

埋少牢于泰昭，祭時也；相近于坎、壇，祭寒暑也。王宫，祭日也；夜明，祭月也；幽宗，祭星也；雩宗，祭水旱也；四坎、壇，祭四方也。山林、川谷、丘陵能出雲，爲風雨，見怪物，皆曰神。有天下者祭百神。諸侯在其地則祭之，亡其地則不祭。

大凡生于天地之間者皆曰命，其萬物死皆曰折，人死曰鬼，此五代之所不變也。七代之所更立者，禘、郊、宗、祖，其餘不變也。

天下有王，分地建國，置都立邑，設廟、祧、壇、墠而祭之，乃爲親疏多少之數。是故王立七廟，一壇一墠，曰考廟，曰王考廟，曰皇考廟，曰顯考廟，曰祖考廟，皆月祭之。遠廟爲祧，有二祧，享嘗乃止。去祧爲壇，去壇爲墠。壇、墠，有禱焉祭之，無禱乃止。去墠曰鬼。諸侯立五廟，一壇一墠，曰考廟，曰王考廟，曰皇考廟，皆月祭之。顯考廟，祖考廟，享嘗乃止。去祖爲壇，去壇爲墠。壇墠，有禱焉祭之，無禱乃止。去墠爲鬼。大夫立三廟二壇，曰考廟，曰王考廟，曰皇考廟，享嘗乃止。顯考、祖考無廟，有禱焉，爲壇祭之。去壇爲鬼。適士二廟一壇，曰考廟，曰王考廟，享嘗乃止。顯考無廟，有禱焉，爲壇祭之。去壇爲鬼。官師一廟，曰考廟，王考無廟而祭之，去王考爲鬼。庶士、庶人無廟，死曰鬼。

王爲群姓立社，曰大社。王自爲立社，曰王社。諸侯爲百姓立社，曰國社。諸侯自立社，曰侯社。大夫以下成群立社，曰置社。

王爲群姓立七祀，曰司命，曰中霤，曰國門，曰國行，曰泰厲，曰户，曰竈。王自爲立七祀。諸侯爲國立五祀，曰司命，曰中霤，曰國門，曰國行，曰公厲。諸侯自爲立五祀。大夫立三祀，曰族厲，曰門，曰行。適士立二祀，曰門，曰行。庶士、庶人立一祀，或立户，或立竈。

王下祭殤五：適子、適孫、適曾孫、適玄孫、適來孫。諸侯下祭三，大夫下祭二，適士及庶人祭子而止。

夫聖王之制祭祀也，法施于民則祀之，以死勤事則祀之，以勞定國則祀之，能御大災則祀之，能捍大患則祀之。是故厲山氏之有天下也，其子曰農，能殖百穀；夏之衰也，周弃繼之，故祀以爲稷；共工氏之霸九州也，其子曰后土，能平九州，故祀以爲社。帝嚳能序星辰以著衆，堯能賞均刑法以義終，舜勤衆事而野死，鯀鄣鴻水而殛死，禹能脩鯀之功，黄帝正名百物以明民共財，顓頊能脩之，契爲司徒而民成，冥勤其官而水死，湯以寬治民而除其虐，文王以文治，武王以武功去民之災，此皆有功烈于民者也；及夫日、月、星辰，民所瞻仰也，山林、川谷、丘陵，民所取財用也。非此族也，不在祀典。

祭義第二十四

祭不欲數，數則煩，煩則不敬。祭不欲疏，疏則怠，怠則忘。是故君子合諸天道，春禘秋嘗。霜露既降，君子履之必有凄愴之心，非其寒之謂也。春，雨露既濡，君子履之必有怵惕之心，如將見之。樂以迎來，哀以送往，故禘有樂而嘗無樂。

致齊于内，散齊于外。齊之日，思其居處，思其笑語，思其志意，思其所樂，思其所嗜。齊三日，乃見其所爲齊者。祭之日，入室，僾然必有見乎其位；周還出户，肅然必有聞乎其容聲；出户而聽，愾然必有聞乎其嘆息之聲。

是故先王之孝也，色不忘乎目，聲不絶乎耳，心志嗜欲不忘乎心。致愛則存，致慤則著，著、存不忘乎心，夫安得不敬乎？君子生則敬養，死則敬享，思終身弗辱也。君子有終身之喪，忌日之謂也。忌日不用，非不祥也。言夫日志有所至，而不敢盡其私也。唯聖人爲能饗帝，孝子爲能饗親。饗者，鄉也，鄉之然後能饗焉。是故孝子臨尸而不怍，君牽牲，夫人奠盎。君獻尸，夫人薦豆。卿、大夫相君，命婦相夫人。齊齊乎其敬也，愉愉乎其忠也，勿勿諸其欲其饗之也。

文王之祭也，事死者如事生，思死者如不欲生。忌日必哀，稱諱如見親，祀之忠也。如見親之所愛，如欲色然，其文王與？《詩》云『明發不寐，有懷二人』，文王之詩也。祭之明日，明發不寐，饗而致之，又從而思之。祭之日，樂與哀半，饗之必樂，已至必哀。仲尼嘗，奉薦而進，其親也慤，其行也趨趨以數。已祭，子贛問曰：『子之言祭，濟濟漆漆然；今子之祭，無濟濟漆漆，何也？』子曰：『濟濟者，容也，遠也；漆漆者，容也，自反也。容以遠，若容以自反也，夫何神明之及交？夫何濟濟漆漆之有乎？反饋樂成，薦其薦俎，序其禮樂，備其百官，君子致其濟濟漆漆，夫何慌惚之有乎？夫言豈一端而已，夫各有所當也。』

孝子將祭，慮事不可以不豫；比時具物，不可以不備；虛中以治之。

宮室既脩，墻屋既設，百物既備，夫婦齊戒，沐浴，盛服奉承而進之。洞洞乎，屬屬乎，如弗勝，如將失之，其孝敬之心至也與！薦其薦俎，序其禮樂，備其百官，奉承而進之。

于是諭其志意，以其恍惚以與神明交，庶或饗之。庶或饗之，孝子之志也。

孝子之祭也，盡其慤而慤焉，盡其信而信焉，盡其敬而敬焉，盡其禮而不過失焉。進退必敬，如親聽命，則或使之也。孝子之祭可知也，其立之也，敬以詘；其進之也，敬以愉；其薦之也，敬以欲。退而立，如將受命；已徹而退，敬齊之色不絶于面。

孝子之祭也，立而不詘，固也；進而不愉，疏也；薦而不欲，不愛也；退立而不如受命，敖也；已徹而退，無敬齊之色，而忘本也。如是而祭，失之矣。

孝子之有深愛者，必有和氣；有和氣者，必有愉色；有愉色者，必有婉容。孝子如執玉，如奉盈，洞洞屬屬然如弗勝，如將失之。嚴威儼恪，非所以事親也，成人之道也。先王之所以治天下者五，貴有德，貴貴，貴老，敬長，慈幼。此五者，先王之所以定天下也。貴有德，何爲也？爲其近于道也。貴貴，爲其近于君也。貴老，爲其近于親也。敬長，爲其近于兄也。慈幼，爲其近于子也。是故至孝近乎王，至弟近乎霸。至孝近乎王，雖天子必有父；至弟近乎霸，雖諸侯必有兄。先王之教，因而弗改，所以領天下國家也。

子曰：『立愛自親始，教民睦也；立教自長始，教民順也。教以慈睦，而民貴有親；教以敬長，而民貴用命。孝以事親，順以聽命，錯諸天下，無所不行。』

郊之祭也，喪者不敢哭，凶服者不敢入國門，敬之至也。祭之日，君牽牲，穆答君，卿、大夫序從。既入廟門，麗于碑，卿大夫袒，而毛牛尚耳，鸞刀以刲，取膟膋，乃退。爓祭祭腥，而退，敬之至也。

郊之祭，大報天，而主日，配以月。夏后氏祭其闇，殷人祭其陽。周人祭日，以朝及闇。

祭日于壇，祭月于坎，以別幽明，以制上下。

祭日于東，祭月于西，以別外內，以端其位。

日出于東，月生于西。陰陽長短，終始相巡，以致天下之和。

天下之禮，致反始也，致鬼神也，致和用也，致義也，致讓也。致反始，以厚其本也；致鬼神，以尊上也；致物用，以立民紀也；致義，則上下不悖逆矣；致讓，以去争也。合此五者，以治天下之禮也。雖有奇邪而不治者，則微矣。

宰我曰：『吾聞鬼神之名，不知其所謂。』子曰：『氣也者，神之盛也；魄也者，鬼之盛也；合鬼與神，教之至也。

『衆生必死，死必歸土，此之謂鬼。骨肉斃于下，陰爲野土。

『其氣發揚于上，爲昭明，焄蒿凄愴，此百物之精也，神之著也。因物之精，制爲之極，明命鬼神，以爲黔首則，百衆以畏，萬民以服。

『聖人以是爲未足也，築爲宮室，設爲宗祧，以別親疏遠邇；教民反古復始，不忘其所由生也。衆之服自此，故聽且速也。

『二端既立，報以二禮。建設朝事，燔燎膻薌，見以蕭光，以報氣也。此教衆反始也。薦黍稷，羞肝、肺、首、心，見間以俠甒，加以鬱鬯，以報魄也。教民相愛，上下用情，禮之至也。

禮記卷第四十八

祭義第二十四

『君子反古復始，不忘其所由生也。是以致其敬，發其情，竭力從事，以報其親，不敢弗盡也。

『是故昔者天子爲藉千畝，冕而朱紘，躬秉耒；諸侯爲藉百畝，冕而青紘，躬秉耒，以事天地、山川、社稷、先古，以爲醴酪齊盛，于是乎取之，敬之至也。

『古者天子、諸侯必有養獸之官，及歲時，齊戒沐浴而躬朝之。犧、牷祭牲，必于是取之，敬之至也。君召牛，納而視之，擇其毛而卜之，吉，然後養之。君皮弁素積，朔月、月半君巡牲，所以致力，孝之至也。

『古者天子、諸侯必有公桑蠶室，近川而爲之，築宮仞有三尺，棘墻而外閉之。及大昕之朝，君皮弁素積，卜三宮之夫人、世婦之吉者，使入蠶于蠶室，奉種浴于川；桑于公桑，風戾以食之。歲既單矣，世婦卒蠶，奉繭以示于君，遂獻繭于夫人。夫人曰：「此所以爲君服與！」遂副、禕而受之，因少牢以禮之。古之獻繭者，其率用此與？及良日，夫人繅，三盆手，遂布于三宮夫人、世婦之吉者，使繅；遂朱綠之，玄黃之，以爲黼黻文章。服既成，君服以祀先王先公，敬之至也。」

君子曰：『禮樂不可斯須去身。致樂以治心，則易直子諒之心油然生矣。易直子諒之心生則樂，樂則安，安則久，久則天，天則神。天則不言而信，神則不怒而威，致樂以治心者也。致禮以治躬則莊敬，莊敬則嚴威。心中斯須不和不樂，而鄙詐之心入之矣；外貌斯須不莊不敬，而慢易之心入之矣。故樂也者，動于內者也；禮也者，動于外者也。樂極和，禮極順。內和而外順，則民瞻其顏色而不與爭也，望其容貌而衆不生慢易焉。故德煇動乎內，而民莫不承聽；理發乎外，而衆莫不承順。故曰：「致禮樂之道，而天下塞焉，舉而錯之無難矣。」樂也者，動于內者也；禮也者，動于外者也。故禮主其減，樂主其盈。禮減而進，以進爲文；樂盈而反，以反爲文。禮減而不進則銷，樂盈而不反則放。故禮有報而樂有反。禮得其報則樂，樂得其反則安。禮之報，樂之反，其義一也。』

曾子曰：『孝有三，大孝尊親，其次弗辱，其下能養。』公明儀問于曾子曰：『夫子可以爲孝乎？』曾子曰：『是何言與！是何言與！君子之所爲孝者，先意承志，諭父母于道，參直養者也，安能爲孝乎？』曾子曰：『身也者，父母之遺體也。行父母之遺體，敢不敬乎？居處不莊，非孝也；事君不忠，非孝也；莅官不敬，非孝也；朋友不信，非孝也；戰陳無勇，非孝也。五者不遂，灾及于親，敢不敬乎？亨、熟、膻、薌，嘗而薦之，非孝也，養也。君子之所謂孝也者，國人稱願然，曰「幸哉有子如此！」所謂孝也已。衆之本教曰孝，其行曰養，養可能也，敬爲難；敬可能也，安爲難；安可能也，卒爲難。父母既没，慎行其身，不遺父母惡名，可謂能終矣。仁者仁此者也，禮者履此者也，義者宜此者也，信者信此者也，强者强此者也。樂自順此生，刑自反此作。』曾子曰：『夫孝，置之而塞乎天地，溥之而横乎四海，施諸後世而無朝夕。推而放諸東海而準，推而放諸西海而準，推而放諸南海而準，推而放諸北海而準。《詩》云：「自西自東，自南自北，無思不服。」此之謂也。』曾子曰：『樹木以時伐焉，禽獸以時殺焉。夫子曰：「斷一樹，殺一獸，不以其時，非孝也。」』孝有三，小孝用力，中孝用勞，大孝不匱。思慈愛忘勞，可謂用力矣；尊仁安義，可謂用勞矣；博施備物，可謂不匱矣。父母愛之，嘉而弗忘；父母惡之，懼而無怨；父母有過，諫而不逆；父母既没，必求仁者之粟以祀之。此之謂禮終。』

樂正子春下堂而傷其足，數月不出，猶有憂色。門弟子曰：『夫子之足瘳矣，數月不出，猶有憂色，何也？』樂正子春曰：『善如爾之問也！善如爾之問也！吾聞諸曾子，曾子聞諸夫子曰：「天之所生，地之所養，無人爲大。父母全而生之，子全而歸之，可謂孝矣。不虧其體，不辱其身，可謂全矣。故君子頃步而弗敢忘孝也。」今予忘孝之道，予是以有憂色也。壹舉足而不敢忘父母，壹出言而不敢忘父母。壹舉足而不敢忘父母，是故道而不徑，舟而不游，不敢以先父母之遺體行殆；壹出言而不敢忘父母，是故惡言不出于口，忿言不反于身。不辱其身，不羞其親，可謂孝矣。』

昔者有虞氏貴德而尚齒，夏后氏貴爵而尚齒，殷人貴富而尚齒，周人貴親而尚齒。

虞、夏、殷、周，天下之盛王也，未有遺年者。年之貴乎天下久矣，次乎事親也。

是故朝廷同爵則尚齒，七十杖于朝，君問則席；八十不俟朝，君問則就之，而弟達乎朝廷矣。

行，肩而不併，不錯則隨，見老者則車、徒辟。斑白者不以其任行乎道路，而弟達乎道路矣。居鄉以齒，而老窮不遺，强不犯弱，衆不暴寡，而弟達乎州巷矣。古之道，五十不爲甸徒，頒禽隆諸長者，而弟達乎獀狩矣。軍旅什伍，同爵則尚齒，而弟達乎軍旅矣。

孝弟發諸朝廷，行乎道路，至乎州巷，放乎獀狩，脩乎軍旅，衆以義死之，而弗敢犯也。

祀乎明堂，所以教諸侯之孝也；食三老五更于大學，所以教諸侯之弟也；祀先賢于西學，所以教諸侯之德也；耕藉，所以教諸侯之養也；朝覲，所以教諸侯之臣也。五者，天下之大教也。食三老五更于大學，天子袒而割牲，執醬而饋，執爵而酳，冕而摠干，所以教諸侯之弟也。是故鄉里有齒而老窮不遺，强不犯弱，衆不暴寡，此由大學來者也。天子設四學，當入學而大子齒。

天子巡守，諸侯待于竟。天子先見百年者。八十九十者東行，西行者弗敢過；西行，東行者弗敢過。欲言政者，君就之可也。壹命齒于鄉里，再命齒于族，三命不齒。族有七十者弗敢先。七十者不有大故不入朝；若有大故而入，君必與之揖讓，而後及爵者。

天子有善，讓德于天；諸侯有善，歸諸天子；卿、大夫有善，薦于諸侯；士、庶人有善，本諸父母，存諸長老。祿爵慶賞，成諸宗廟，所以示順也。昔者聖人建陰陽天地之情，立以爲《易》，易抱龜南面，天子卷冕北面，雖有明知之心，必進斷其志焉，示不敢專，以尊天也。善則稱人，過則稱己，教不伐，以尊賢也。

孝子將祭祀，必有齊莊之心以慮事，以具服物，以脩宫室，以治百事。及祭之日，顔色必温，行必恐，如懼不及愛然。其奠之也，容貌必温，身必詘，如語焉而未之然。宿者皆出，其立卑静以正，如將弗見然。及祭之後，陶陶遂遂，如將復入然。是故慤善不違身，耳目不違心，思慮不違親。結諸心，形諸色，而術省之，孝子之志也。

建國之神位，右社稷而左宗廟。

禮記卷第四十九

祭統第二十五

凡治人之道，莫急于禮。禮有五經，莫重于祭。夫祭者，非物自外至者也，自中出生于心也。心怵而奉之以禮，是故唯賢者能盡祭之義。

賢者之祭也，必受其福，非世所謂福也。福者，備也。備者，百順之名也；無所不順者謂之備。言内盡于己，而外順于道也。忠臣以事其君，孝子以事其親，其本一也。上則順于鬼神，外則順于君長，内則以孝于親，如此之謂備。唯賢者能備，能備然後能祭。是故賢者之祭也，致其誠信，與其忠敬，奉之以物，道之以禮，安之以樂，參之以時，明薦之而已矣，不求其爲。此孝子之心也。祭者，所以追養繼孝也。孝者，畜也，順于道，不逆于倫，是之謂畜。

是故孝子之事親也，有三道焉：生則養，没則喪，喪畢則祭。養則觀其順也，喪則觀其哀也，祭則觀其敬而時也。盡此三道者，孝子之行也。既内自盡，又外求助，昏禮是也。故國君取夫人之辭曰：『請君之玉女，與寡人共有敝邑，事宗廟社稷。』此求助之本也。夫祭也者，必夫婦親之，所以備外内之官也；官備則具備。水草之菹，陸産之醢，小物備矣；三牲之俎，八簋之實，美物備矣；昆蟲之異，草木之實，陰陽之物備矣。

凡天之所生，地之所長，苟可薦者，莫不咸在，示盡物也。外則盡物，内則盡志，此祭之心也。是故天子親耕于南郊，以共齊盛；王后蠶于北郊，以共純服；諸侯耕于東郊，亦以共齊盛；夫人蠶于北郊，以共冕服。天子、諸侯非莫耕也，王后、夫人非莫蠶也。身致其誠信，誠信之謂盡，盡之謂敬，敬盡然後可以事神明。此祭之道也。

及時將祭，君子乃齊。齊之爲言齊也，齊不齊以致齊者也。是以君子非有大事也，非有恭敬也，則不齊。不齊則于物無防也，嗜欲無止也。及其將齊也，防其邪物，訖其嗜欲，耳不聽樂，故《記》曰『齊者不樂』，言不敢散其志也。心不苟慮，必依于道；手足不苟動，必依于禮。是故君子之齊也，專致其精明之德也，故散齊七日以定之，致齊三日以齊之。定之之謂齊，齊者，精明之至也，然後可以交于神明也。是故先期旬有一日，宫宰宿夫人，夫人亦散齊七日，致齊三日。君致齊于外，夫人致齊于內，然後會于大廟。君純冕立于阼，夫人副褘立于東房。君執圭瓚祼尸，大宗執璋瓚亞祼。及迎牲，君執紖，卿、大夫從，士執芻。宗婦執盎，從夫人，薦涚水；君執鸞刀，羞嚌，夫人薦豆。此之謂夫婦親之。

及入舞，君執干戚就舞位。君爲東上，冕而揔干，率其群臣，以樂皇尸。是故天子之祭也，與天下樂之；諸侯之祭也，與竟內樂之。冕而揔干，率其群臣，以樂皇尸，此與竟內樂之之義也。

夫祭有三重焉：獻之屬莫重于祼，聲莫重于升歌，舞莫重于《武宿夜》，此周道也。凡三道者，所以假于外而以增君子之志也。故與志進退，志輕則亦輕，志重則亦重。輕其志而求外之重也，雖聖人弗能得也。是故君子之祭也，必身自盡也，所以明重也。道之以禮，以奉三重而薦諸皇尸，此聖人之道也。

夫祭有餕；餕者祭之末也，不可不知也。是故古之人有言曰『善終者如始，餕其是已』。是故古之君子曰『尸亦餕鬼神之餘』也，惠術也，可以觀政矣。是故尸謖，君與卿四人餕。君起，大夫六人餕，臣餕君之餘也；大夫起，士八人餕，賤餕貴之餘也；士起，各執其具以出，陳于堂下，百官進，徹之，下餕上之餘也。凡餕之道，每變以衆，所以別貴賤之等，而興施惠之象也。是故以四簋黍見其脩于廟中也。廟中者，竟内之象也。祭者，澤之大者也，是故上有大澤，則惠必及下，顧上先下後耳，非上積重而下有凍餒之民也。是故上有大澤，則民夫人待于下流，知惠之必將至也，由餕見之矣。故曰『可以觀政矣』。

夫祭之爲物大矣，其興物備矣。順以備者也，其教之本與！是故君子之教也，外則教之以尊其君長，内則教之以孝于其親。是故明君在上，則諸臣服從；崇事宗廟社稷，則子孫順孝。盡其道，端其義，而教生焉。是故君子之事君也，必身行之，所不安于上，則不以使下；所惡于下，則不以事上。非諸人，行諸己，非教之道也。是故君子之教也，必由其本，順之至也，祭其是與！故曰『祭者，教之本也已』。

夫祭有十倫焉：見事鬼神之道焉，見君臣之義焉，見父子之倫焉，見貴賤之等焉，見親疏之殺焉，見爵賞之施焉，見夫婦之别焉，見政事之均焉，見長幼之序焉，見上下之際焉。此之謂十倫。鋪筵設同几，爲依神也；詔祝于室，而出于祊，此交神明之道也。

君迎牲而不迎尸，別嫌也。尸在廟門外則疑于臣，在廟中則全于君。君在廟門外則疑于君，入廟門則全于臣、全于子。是故不出者，明君臣之義也。

夫祭之道，孫爲王父尸。所使爲尸者，于祭者子行也。父北面而事之，所以明子事父之道也。此父子之倫也。

尸飲五，君洗玉爵獻卿；尸飲七，以瑶爵獻大夫；尸飲九，以散爵獻士及群有司，皆以齒。明尊卑之等也。

夫祭有昭穆，昭穆者，所以别父子、遠近、長幼、親疏之序而無亂也。是故有事于大廟，則群昭群穆咸在，而不失其倫，此之謂親疏之殺也。

古者明君爵有德而禄有功，必賜爵禄于大廟，示不敢專也。故祭之日，一獻，君降立于阼階之南，南鄉，所命北面，史由君右，執策命之，再拜稽首，受書以歸，而舍奠于其廟。此爵賞之施也。

君卷冕立于阼，夫人副褘立于東房。夫人薦豆執校，執醴授之，執鐙。尸酢夫人執柄，夫人受尸執足。夫婦相授受，不相襲處，酢必易爵，明夫婦之别也。

凡爲俎者，以骨爲主。骨有貴賤，殷人貴髀，周人貴肩。凡前貴于後。俎者，所以明祭之必有惠也。是故貴者取貴骨，賤者取賤骨。貴者不重，賤者不虚，示均也。惠均則政行，政行則事成，事成則功立。功之所以立者，不可不知也。俎者，所以明惠之必均也，善爲政者如此，故曰『見政事之均焉』。

凡賜爵，昭爲一，穆爲一。昭與昭齒，穆與穆齒。凡群有司皆以齒，此之謂長幼有序。

夫祭有畀煇、胞、翟、閽者，惠下之道也。唯有德之君爲能行此，明足以見之，仁足以與之。畀之爲言與也，能以其餘畀其下者也。煇者，甲吏之賤者也；胞者，肉吏之賤者也；翟者，樂吏之賤者也；閽者，守門之賤者也。古者不使刑人守門，此四守者，吏之至賤者也。尸又至尊，以至尊既祭之末而不忘至賤，而以其餘畀之。是故明君在上，則竟内之民無凍餒者矣，此之謂上下之際。

凡祭有四時：春祭曰礿，夏祭曰禘，秋祭曰嘗，冬祭曰烝。礿、禘，陽義也；嘗、烝，陰義也。禘者，陽之盛也；嘗者，陰之盛也。故曰『莫重于禘、嘗』。古者于禘也，發爵賜服，順陽義也；于嘗也，出田邑，發秋政，順陰義也。故《記》曰：『嘗之日，發公室，示賞也。』草艾則墨，未發秋政，則民弗敢草也。故曰：『禘、嘗之義大矣，治國之本也，不可不知也。明其義者，君也；能其事者，臣也。不明其義，君人不全；不能其事，爲臣不全。』夫義者，所以濟志也，諸德之發也。是故其德盛者其志厚，其志厚者其義章，其義章者其祭也敬。祭敬，則竟內之子孫莫敢不敬矣。是故君子之祭也，必身親莅之；有故則使人可也。雖使人也，君不失其義者，君明其義故也。其德薄者其志輕，疑于其義而求祭，使之必敬也，弗可得已。祭而不敬，何以爲民父母矣！

夫鼎有銘，銘者自名也，自名以稱揚其先祖之美，而明著之後世者也。爲先祖者，莫不有美焉，莫不有惡焉。銘之義，稱美而不稱惡，此孝子孝孫之心也，唯賢者能之。銘者，論撰其先祖之有德善，功烈、勛勞、慶賞、聲名，列于天下，而酌之祭器，自成其名焉，以祀其先祖者也。顯揚先祖，所以崇孝也。身比焉，順也；明示後世，教也。夫銘者，壹稱，而上下皆得焉耳矣。是故君子之觀于銘也，既美其所稱，又美其所爲。爲之者，明足以見之，仁足以與之，知足以利之，可謂賢矣。賢而勿伐，可謂恭矣。故衛孔悝之鼎銘曰：『六月丁亥，公假于大廟。公曰：「叔舅！乃祖莊叔，左右成公。成公乃命莊叔隨難于漢陽，即宫于宗周，奔走無射。啓右獻公。獻公乃命成叔纂乃祖服。乃考文叔，興舊耆欲，作率慶士，躬恤衛國。其勤公家，夙夜不解，民咸曰休哉！」公曰：「叔舅！予女銘，若纂乃考服。」悝拜稽首曰：「對揚以辟之。勤大命，施于烝彝鼎。」』此衛孔悝之鼎銘也。古之君子論撰其先祖之美，而明著之後世者也，以比其身，以重其國家如此。子孫之守宗廟社稷者，其先祖無美而稱之，是誣也；有善而弗知，不明也；知而弗傳，不仁也。此三者，君子之所耻也。

昔者周公旦有勛勞于天下，周公既没，成王、康王追念周公之所以勛勞者，而欲尊魯，故賜之以重祭。外祭則郊、社是也，内祭則大嘗禘是也。夫大嘗禘，升歌《清廟》，下而管《象》，朱干玉戚以舞《大武》；八佾以舞《大夏》，此天子之樂也。康周公，故以賜魯也。子孫纂之，至于今不廢，所以明周公之德，而又以重其國也。

禮記卷第五十

經解第二十六

孔子曰：「入其國，其教可知也。其爲人也，温柔敦厚，《詩》教也；疏通知遠，《書》教也；廣博易良，《樂》教也；絜静精微，《易》教也；恭儉莊敬，《禮》教也；屬辭比事，《春秋》教也。故《詩》之失愚，《書》之失誣，《樂》之失奢，《易》之失賊，《禮》之失煩，《春秋》之失亂。其爲人也，温柔敦厚而不愚，則深于《詩》者也；疏通知遠而不誣，則深于《書》者也；廣博易良而不奢，則深于《樂》者也；絜静精微而不賊，則深于《易》者也；恭儉莊敬而不煩，則深于《禮》者也；屬辭比事而不亂，則深于《春秋》者也。」

天子者，與天地參，故德配天地，兼利萬物，與日月並明，明照四海而不遺微小。其在朝廷，則道仁聖禮義之序；燕處，則聽《雅》《頌》之音；行步，則有環佩之聲；升車，則有鸞和之音。居處有禮，進退有度，百官得其宜，萬事得其序。《詩》云：『淑人君子，其儀不忒。其儀不忒，正是四國。』此之謂也。發號出令而民説，謂之和；上下相親，謂之仁；民不求其所欲而得之，謂之信；除去天地之害，謂之義。義與信，和與仁，霸王之器也。有治民之意而無其器，則不成。

禮之于正國也，猶衡之于輕重也，繩墨之于曲直也，規矩之于方圜也。故衡誠縣，不可欺以輕重；繩墨誠陳，不可欺以曲直；規矩誠設，不可欺以方圜；君子審禮，不可誣以奸詐。是故隆禮由禮，謂之有方之士；不隆禮，不由禮，謂之無方之民。敬讓之道也。故以奉宗廟則敬，以入朝廷則貴賤有位，以處室家則父子親、兄弟和，以處鄉里則長幼有序。孔子曰：『安上治民，莫善于禮。』此之謂也。

故朝覲之禮，所以明君臣之義也；聘問之禮，所以使諸侯相尊敬也；喪祭之禮，所以明臣子之恩也；鄉飲酒之禮，所以明長幼之序也；昏姻之禮，所以明男女之別也。夫禮，禁亂之所由生，猶坊止水之所自來也。故以舊坊爲無所用而壞之者，必有水敗；以舊禮爲無所用而去之者，必有亂患。

故昏姻之禮廢，則夫婦之道苦，而淫辟之罪多矣；鄉飲酒之禮廢，則長幼之序失，而争鬥之獄繁矣；喪祭之禮廢，則臣子之恩薄，而倍死忘生者衆矣；聘覲之禮廢，則君臣之位失，諸侯之行惡，而倍畔侵陵之敗起矣。

故禮之教化也微，其止邪也于未形，使人日徙善遠罪而不自知也，是以先王隆之也。《易》曰：『君子慎始，差若豪氂，繆以千里。』此之謂也。

哀公問第二十七

哀公問于孔子曰：『大禮何如？君子之言禮，何其尊也？』孔子曰：『丘也小人，不足以知禮。』君曰：『否，吾子言之也。』孔子曰：『丘聞之，民之所由生，禮爲大，非禮無以節事天地之神也，非禮無以辨君臣、上下、長幼之位也，非禮無以别男女、父子、兄弟之親，昏姻疏數之交也。君子以此之爲尊敬然。然後以其所能教百姓，不廢其會節。有成事，然後治其雕鏤、文章、黼黻以嗣。其順之，然後言其喪筭，備其鼎俎，設其豕腊，脩其宗廟，歲時以敬祭祀，以序宗族。即安其居，節醜其衣服，卑其宮室，車不雕幾，器不刻鏤，食不貳味，以與民同利。昔之君子之行禮者如此。』公曰：『今之君子，胡莫行之也？』孔子曰：『今之君子，好實無厭，淫德不倦，荒怠敖慢，固民是盡，午其衆以伐有道；求得當欲，不以其所。昔之用民者由前，今之用民者由後。今之君子，莫爲禮也。』

孔子侍坐于哀公，哀公曰：『敢問人道誰爲大？』孔子愀然作色而對曰：『君之及此言也，百姓之德也！固臣敢無辭而對？人道政爲大。』公曰：『敢問何謂爲政？』孔子對曰：『政者正也，君爲正，則百姓從政矣。君之所爲，百姓之所從也。君所不爲，百姓何從？』公曰：『敢問爲政如之何？』孔子對曰：『夫婦别，父子親，君臣嚴。三者正，則庶物從之矣。』公曰：『寡人雖無似也，願聞所以行三言之道。可得聞乎？』孔子對曰：『古之爲政，愛人爲大；所以治愛人，禮爲大；所以治禮，敬爲大；敬之至矣，大昏爲大，大昏至矣！大昏既至，冕而親迎，親之也；親之也者，親之也。是故君子興敬爲親，舍敬是遺親也。弗愛不親，弗敬不正。愛與敬，其政之本與！』公曰：『寡人願有言。然，冕而親迎，不已重乎？』孔子愀然作色而對曰：『合二姓之好，以繼先聖之後，以爲天地宗廟社稷之主，君何謂已重乎？』公曰：『寡人固！不固，焉得聞此言也。寡人欲問，不得其辭，請少進。』孔子曰：『天地不合，萬物不生。大昏，萬世之嗣也。君何謂已重焉！』孔子遂言曰：『内以治宗廟之禮，足以配天地之神明；出以治直言之禮，足以立上下之敬。物恥足以振之，國恥足以興之。爲政先禮，禮其政之本與！』孔子遂言曰：『昔三代明王之政，必敬其妻、子也，有道。妻也者，親之主也，敢不敬與？子也者，親之後也，敢不敬與？君子無不敬也，敬身爲大。身也者，親之枝也，敢不敬與？不能敬其身，是傷其親；傷其親，是傷其本；傷其本，枝從而亡。三者，百姓之象也。身以及身，子以及子，妃以及妃。君行此三者，則愾乎天下矣，大王之道也。如此，則國家順矣。』

公曰：『敢問何謂敬身？』孔子對曰：『君子過言則民作辭，過動則民作則。君子言不過辭，動不過則，百姓不命而敬恭。如是則能敬其身；能敬其身，則能成其親矣。』

公曰：『敢問何謂成親？』孔子對曰：『君子也者，人之成名也。百姓歸之名，謂之君子之子，是使其親爲君子也。是爲成其親之名也已。』孔子遂言曰：『古之爲政，愛人爲大；不能愛人，不能有其身；不能有其身，不能安土；不能安土，不能樂天；不能樂天，不能成其身。』

公曰：『敢問何謂成身？』孔子對曰：『不過乎物。』

公曰：『敢問君子何貴乎天道也？』孔子對曰：『貴其不已，如日月東西相從而不已也，是天道也；不閉其久，是天道也；無爲而物成，是天道也；已成而明，是天道也。』

公曰：『寡人惷愚，冥煩，子志之心也。』孔子蹴然辟席而對曰：『仁人不過乎物，孝子不過乎物。是故仁人之事親也如事天，事天如事親，是故孝子成身。』

公曰：『寡人既聞此言也，無如後罪何？』孔子對曰：『君之及此言也，是臣之福也。』

仲尼燕居第二十八

仲尼燕居，子張、子貢、言游侍，縱言至于禮。子曰：『居！女三人者，吾語女禮，使女以禮周流，無不徧也。』

子貢越席而對曰：『敢問何如？』子曰：『敬而不中禮謂之野，恭而不中禮謂之給，勇而不中禮謂之逆。』子曰：『給奪慈仁。』

子曰：『師，爾過，而商也不及。子産猶衆人之母也，能食之，不能教也。』

子貢越席而對曰：『敢問將何以爲此中者也？』子曰：『禮乎禮！夫禮所以制中也。』子貢退，言游進曰：『敢問禮也者，領惡而全好者與？』子曰：『然。』『然則何如？』子曰：『郊社之義，所以仁鬼神也；嘗禘之禮，所以仁昭穆也；饋奠之禮，所以仁死喪也；射鄉之禮，所以仁鄉黨也；食饗之禮，所以仁賓客也。』子曰：『明乎郊社之義、嘗禘之禮，治國其如指諸掌而已乎！是故以之居處有禮，故長幼辨也；以之閨門之内有禮，故三族和也；以之朝廷有禮，故官爵序也；以之田獵有禮，故戎事閑也；以之軍旅有禮，故武功成也。是故宫室得其度，量鼎得其象，味得其時，樂得其節，車得其式，鬼神得其饗，喪紀得其哀，辨説得其黨，官得其體，政事得其施，加于身而錯于前，凡衆之動得其宜。』子曰：『禮者何也？即事之治也。君子有其事，必有其治。治國而無禮，譬猶瞽之無相與！倀倀乎其何之？譬如終夜有求于幽室之中，非燭何見？若無禮，則手足無所錯，耳目無所加，進退揖讓無所制。是故以之居處，長幼失其别，閨門三族失其和，朝廷官爵失其序，田獵戎事失其策，軍旅武功失其制，宮室失其度，量鼎失其象，味失其時，樂失其節，車失其式，鬼神失其饗，喪紀失其哀，辯説失其黨，官失其體，政事失其施，加于身而錯于前，凡衆之動失其宜。如此，則無以祖洽于衆也。』

子曰：『慎聽之，女三人者！吾語女。禮猶有九焉，大饗有四焉。苟知此矣，雖在畎畝之中，事之，聖人已。兩君相見，揖讓而入門，入門而縣興，揖讓而升堂，升堂而樂闋，下管《象》《武》，《夏》籥序興，陳其薦俎，序其禮樂，備其百官。如此而後，君子知仁焉。行中規，還中矩，和鸞中《采齊》，客出以《雍》，徹以《振羽》，是故君子無物而不在禮矣。入門而金作，示情也；升歌《清廟》，示德也；下而管《象》，示事也。是故古之君子，不必親相與言也，以禮樂相示而已。』子曰：『禮也者，理也；樂也者，節也。君子無理不動，無節不作。不能《詩》，于禮繆；不能樂，于禮素；薄于德，于禮虚。』子曰：『制度在禮，文爲在禮。行之其在人乎！』子貢越席而對曰：『敢問夔其窮與？』子曰：『古之人與？古之人也。達于禮而不達于樂，謂之素；達于樂而不達于禮，謂之偏。夫夔達于樂，而不達于禮，是以傳于此名也，古之人也。』

子張問政。子曰：『師乎！前，吾語女乎！君子明于禮樂，舉而錯之而已。』子張復問。子曰：『師，爾以爲必鋪几筵，升降，酌，獻、酬、酢，然後謂之禮乎？爾以爲必行綴兆，興羽籥，作鍾鼓，然後謂之樂乎？言而履之，禮也；行而樂之，樂也。君子力此二者，以南面而立，夫是以天下大平也。諸侯朝，萬物服體，而百官莫敢不承事矣。禮之所興，衆之所治也；禮之所廢，衆之所亂也。目巧之室，則有奧阼，席則有上下，車則有左右，行則有隨，立則有序，古之義也。室而無奧阼，則亂于堂室也。席而無上下，則亂于席上也。車而無左右，則亂于車也。行而無隨，則亂于塗也。立而無序，則亂于位也。昔聖帝、明王、諸侯，辨貴賤、長幼、遠近、男女、外内，莫敢相逾越，皆由此塗出也。』三子者既得聞此言也于夫子，昭然若發矇矣。

禮記卷第五十一

孔子閒居第二十九

孔子閒居，子夏侍。子夏曰：『敢問《詩》云「凱弟君子，民之父母」，何如斯可謂民之父母矣？』孔子曰：『夫民之父母乎，必達于禮樂之原，以致五至而行三無，以横于天下。「四方」有敗，必先知之，此之謂「民之父母」矣。』

子夏曰：『「民之父母」，既得而聞之矣，敢問何謂「五至」？』孔子曰：『「志之所至，詩亦至焉；詩之所至，禮亦至焉；禮之所至，樂亦至焉；樂之所至，哀亦至焉。哀樂相生。是故正明目而視之，不可得而見也；傾耳而聽之，不可得而聞也。志氣塞乎天地，此之謂「五至」。』

子夏曰：『「五至」既得而聞之矣，敢問何謂「三無」？』孔子曰：『「無聲之樂，無體之禮，無服之喪，此之謂「三無」。』子夏曰：『「三無」既得略而聞之矣，敢問何詩近之？』孔子曰：『「夙夜其命宥密」，無聲之樂也。「威儀逮逮，不可選也」，無體之禮也。「凡民有喪，匍匐救之」，無服之喪也。』

子夏曰：『言則大矣，美矣，盛矣！言盡于此而已乎？』孔子曰：『何爲其然也？君子之服之也，猶有五起焉。』子夏曰：『何如？』孔子曰：『無聲之樂，氣志不違；無體之禮，威儀遲遲；無服之喪，内恕孔悲。無聲之樂，氣志既得；無體之禮，威儀翼翼；無服之喪，施及四國。無聲之樂，氣志既從；無體之禮，上下和同；無服之喪，以畜萬邦。無聲之樂，日聞四方；無體之禮，日就月將；無服之喪，純德孔明。無聲之樂，氣志既起；無體之禮，施及四海；無服之喪，施于孫子。』

子夏曰：『三王之德，參于天地，敢問何如斯可謂「參于天地」矣？』孔子曰：『奉三無私，以勞天下。』子夏曰：『敢問何謂「三無私」？』孔子曰：『天無私覆，地無私載，日月無私照。奉斯三者，以勞天下，此之謂「三無私」。其在《詩》曰：「帝命不違，至于湯齊；湯降不遲，聖敬日齊。昭假遲遲，上帝是祗，帝命式于九圍。」是湯之德也。

『天有四時，春秋冬夏，風雨霜露，無非教也；地載神氣，神氣風霆，風霆流形，庶物露生，無非教也。

『清明在躬，氣志如神，嗜欲將至，有開必先。天降時雨，山川出雲。其在《詩》曰：「嵩高惟嶽，峻極于天。惟嶽降神，生甫及申。惟申及甫，惟周之翰。四國于蕃，四方于宣。」此文、武之德也。

『三代之王也，必先令聞。《詩》云「明明天子，令聞不已」，三代之德也；「弛其文德，協此四國」，大王之德也。』子夏蹶然而起，負墻而立曰：『弟子敢不承乎！』

坊記第三十

子言之：『君子之道，辟則坊與？坊民之所不足者也。大爲之坊，民猶逾之。故君子禮以坊德，刑以坊淫，命以坊欲。』

子云：『小人貧斯約，富斯驕；約斯盜，驕斯亂。禮者，因人之情而爲之節文，以爲民坊者也。故聖人之制富貴也，使民富不足以驕，貧不至于約，貴不慊于上，故亂益亡。』

子云：『貧而好樂，富而好禮，衆而以寧者，天下其幾矣。《詩》云：「民之貪亂，寧爲荼毒。」故制國不過千乘，都成不過百雉，家富不過百乘，以此坊民，諸侯猶有畔者。』

子云：『夫禮者，所以章疑別微，以爲民坊者也。故貴賤有等，衣服有別，朝廷有位，則民有所讓。』子云：『天無二日，土無二王，家無二主，尊無二上，示民有君臣之別也。《春秋》不稱楚、越之王喪。禮，君不稱天，大夫不稱君，恐民之惑也。《詩》云：「相彼盍旦，尚猶患之。」』子云：『君不與同姓同車，與異姓同車不同服，示民不嫌也。以此坊民，民猶得同姓以弑其君。』

子云：『君子辭貴不辭賤，辭富不辭貧，則亂益亡。故君子與其使食浮于人也，寧使人浮于食。』子云：『觴酒豆肉，讓而受惡，民猶犯齒；衽席之上，讓而坐下，民猶犯貴；朝廷之位，讓而就賤，民猶犯君。《詩》云：「民之無良，相怨一方；受爵不讓，至于已斯亡。」』子云：『君子貴人而賤己，先人而後己，則民作讓，故稱人之君曰君，自稱其君曰寡君。』子云：『利祿先死者而後生者，則民不偝；先亡者而後存者，則民可以託。《詩》云：「先君之思，以畜寡人。」以此坊民，民猶偝死而號無告。』

子云：『有國家者，貴人而賤禄，則民興讓；尚技而賤車，則民興藝。故君子約言，小人先言。』

子云：『上酌民言，則下天上施。上不酌民言則犯也，下不天上施則亂也。故君子信讓以莅百姓，則民之報禮重。《詩》云：「先民有言，詢于芻蕘。」』

子云：『善則稱人，過則稱己，則民不争；善則稱人，過則稱己，則怨益亡。《詩》云：「爾卜爾筮，履無咎言。」』子云：『善則稱人，過則稱己，則民讓善。《詩》云：「考卜惟王，度是鎬京；惟龜正之，武王成之。」』子云：『善則稱君，過則稱己，則民作忠。《君陳》曰：「爾有嘉謀嘉猷，入告爾君于内，女乃順之于外。」曰：「此謀此猷，惟我君之德。於乎是惟良顯哉！」』子云：『善則稱親，過則稱己，則民作孝。《大誓》曰：「予克紂，非予武，惟朕文考無罪；紂克予，非朕文考有罪，惟予小子無良。」』

子云：『君子弛其親之過，而敬其美。《論語》曰：「三年無改于父之道，可謂孝矣。」高宗云：「三年其惟不言，言乃歡。」』子云：『從命不忿，微諫不倦，勞而不怨，可謂孝矣。《詩》云「孝子不匱」。』子云：『睦于父母之黨，可謂孝矣。故君子因睦以合族。《詩》云：「此令兄弟，綽綽有裕；不令兄弟，交相爲愈。」』子云：『于父之執，可以乘其車，不可以衣其衣，君子以廣孝也。』子云：『小人皆能養其親，君子不敬，何以辨？』子云：『父子不同位，以厚敬也。《書》云：「厥辟不辟，忝厥祖。」』子云：『父母在不稱老，言孝不言慈，閨門之内，戲而不嘆。君子以此坊民，民猶薄于孝而厚于慈。』子云：『長民者，朝廷敬老，則民作孝。』子云：『祭祀之有尸也，宗廟之主也，示民有事也。脩宗廟，敬祀事，教民追孝也。以此坊民，民猶忘其親。』

子云：『敬則用祭器，故君子不以菲廢禮，不以美没禮。故食禮，主人親饋則客祭，主人不親饋則客不祭。故君子苟無禮，雖美不食焉。《易》曰：「東鄰殺牛，不如西鄰之禴祭，實受其福。」《詩》云：「既醉以酒，既飽以德。」以此示民，民猶争利而忘義。』

子云：『七日戒，三日齊，承一人焉以爲尸，過之者趨走，以教敬也。醴酒在室，醍酒在堂，澄酒在下，示民不淫也。尸飲三，衆賓飲一，示民有上下也。因其酒肉，聚其宗族，以教民睦也。故堂上觀乎室，堂下觀乎上。《詩》云：「禮儀卒度，笑語卒獲。」』

子云：『賓禮每進以讓，喪禮每加以遠。浴于中霤，飯于牖下，小斂于户内，大斂于阼，殯于客位，祖于庭，葬于墓，所以示遠也。殷人吊于壙，周人吊于家，示民不偝也。』子云：『死，民之卒事也，吾從周。以此坊民，諸侯猶有薨而不葬者。』

子云：『升自客階，受吊于賓位，教民追孝也。未没喪，不稱君，示民不争也。故《魯春秋》記晋喪，曰「殺其君之子奚齊及其君卓」。以此坊民，子猶有弑其父者。』

子云：『孝以事君，弟以事長，示民不貳也。故君子有君不謀仕，唯卜之日稱二君。喪父三年，喪君三年，示民不疑也。父母在，不敢有其身，不敢私其財，示民有上下也。故天子四海之内無客禮，莫敢爲主焉。故君適其臣，升自阼階，即位于堂，示民不敢有其室也。父母在，饋獻不及車馬，示民不敢專也。以此坊民，民猶忘其親而貳其君。』

子云：『禮之先幣帛也，欲民之先事而後禄也。先財而後禮，則民利；無辭而行情，則民争。故君子于有饋者弗能見，則不視其饋。《易》曰：「不耕獲，不菑畬，凶。」以此坊民，民猶貴禄而賤行。』

子云：『君子不盡利以遺民。《詩》云：「彼有遺秉，此有不斂穧，伊寡婦之利。」故君子仕則不稼，田則不漁，食時不力珍。大夫不坐羊，士不坐犬。《詩》云：「采葑采菲，無以下體。德音莫違，及爾同死。」以此坊民，民猶忘義而争利，以亡其身。』

子云：『夫禮，坊民所淫，章民之别，使民無嫌，以爲民紀者也。故男女無媒不交，無幣不相見，恐男女之無别也。以此坊民，民猶有自獻其身。《詩》云：「伐柯如之何？匪斧不克。取妻如之何？匪媒不得。蓺麻如之何？横從其畝。取妻如之何？必告父母。」』

子云：『取妻不取同姓，以厚别也。故買妾不知其姓，則卜之。以此坊民，《魯春秋》猶去夫人之姓，曰「吴」，其死，曰「孟子卒」。」

子云：「禮，非祭，男女不交爵。以此坊民，陽侯猶殺繆侯而竊其夫人，故大饗廢夫人之禮。」

子云：「寡婦之子，不有見焉，則弗友也，君子以辟遠也。故朋友之交，主人不在，不有大故，則不入其門。以此坊民，民猶以色厚于德。」子云：「好德如好色，諸侯不下漁色，故君子遠色，以爲民紀。故男女授受不親，御婦人則進左手，姑、姊妹、女子子已嫁而反，男子不與同席而坐。寡婦不夜哭。婦人疾，問之，不問其疾。以此坊民，民猶淫泆而亂于族。」

子云：「昏禮，壻親迎，見于舅姑，舅姑承子以授壻，恐事之違也。以此坊民，婦猶有不至者。」

禮記卷第五十二

中庸第三十一

天命之謂性，率性之謂道，脩道之謂教。道也者，不可須臾離也，可離非道也。是故君子戒慎乎其所不睹，恐懼乎其所不聞。莫見乎隱，莫顯乎微，故君子慎其獨也。喜怒哀樂之未發，謂之中；發而皆中節，謂之和。中也者，天下之大本也；和也者，天下之達道也。致中和，天地位焉，萬物育焉。

仲尼曰：『君子中庸，小人反中庸。君子之中庸也，君子而時中；小人之中庸也，小人而無忌憚也。』子曰：『中庸其至矣乎！民鮮能久矣！』子曰：『道之不行也，我知之矣。知者過之，愚者不及也。道之不明也，我知之矣。賢者過之，不肖者不及也。人莫不飲食也，鮮能知味也。』子曰：『道其不行矣夫。』

子曰：『舜其大知也與？舜好問而好察邇言，隱惡而揚善，執其兩端，用其中于民，其斯以爲舜乎！』

子曰：『人皆曰「予知」，驅而納諸罟擭陷阱之中，而莫之知辟也；人皆曰「予知」，擇乎中庸，而不能期月守也。』

子曰：『回之爲人也，擇乎中庸，得一善，則拳拳服膺而弗失之矣。』子曰：『天下國家可均也，爵禄可辭也，白刃可蹈也，中庸不可能也。』

子路問强。子曰：『南方之强與？北方之强與？抑而强與？寬柔以教，不報無道，南方之强也，君子居之。衽金革，死而不厭，北方之强也，而强者居之。故君子和而不流，强哉矯；中立而不倚，强哉矯；國有道，不變塞焉，强哉矯；國無道，至死不變，强哉矯。』

子曰：『素隱行怪，後世有述焉，吾弗爲之矣。君子遵道而行，半塗而廢，吾弗能已矣。君子依乎中庸，遁世不見，知而不悔，唯聖者能之。君子之道，費而隱。夫婦之愚，可以與知焉；及其至也，雖聖人亦有所不知焉。夫婦之不肖，可以能行焉；及其至也，雖聖人亦有所不能焉。天地之大也，人猶有所憾，故君子語大，天下莫能載焉；語小，天下莫能破焉。《詩》云「鳶飛戾天，魚躍于淵」，言其上下察也。君子之道，造端乎夫婦，及其至也，察乎天地。』

子曰：『道不遠人。人之爲道而遠人，不可以爲道。《詩》云：「伐柯伐柯，其則不遠。」執柯以伐柯，睨而視之，猶以爲遠。故君子以人治人，改而止。忠恕違道不遠，施諸己而不願，亦勿施于人。君子之道四，丘未能一焉：所求乎子以事父，未能也；所求乎臣以事君，未能也；所求乎弟以事兄，未能也；所求乎朋友先施之，未能也。庸德之行，庸言之謹，有所不足，不敢不勉，有餘不敢盡，言顧行，行顧言。君子胡不慥慥爾。君子素其位而行，不願乎其外。素富貴行乎富貴，素貧賤行乎貧賤，素夷狄行乎夷狄，素患難行乎患難。君子無入而不自得焉。在上位不陵下，在下位不援上。正己而不求于人，則無怨。上不怨天，下不尤人。故君子居易以俟命，小人行險以徼幸。』

子曰：『射有似乎君子，失諸正鵠，反求諸其身。君子之道，辟如行遠必自邇，辟如登高必自卑。《詩》曰：「妻子好合，如鼓瑟琴；兄弟既翕，和樂且耽。宜爾室家，樂爾妻帑。」』子曰：『父母其順矣乎！』

子曰：『鬼神之爲德，其盛矣乎！視之而弗見，聽之而弗聞，體物而不可遺。

使天下之人，齊明盛服，以承祭祀。洋洋乎如在其上，如在其左右。《詩》曰：「神之格思，不可度思，矧可射思！」夫微之顯，誠之不可揜，如此夫。」

子曰：『舜其大孝也與？德爲聖人，尊爲天子，富有四海之内，宗廟饗之，子孫保之。故大德必得其位，必得其禄，必得其名，必得其壽。故天之生物，必因其材而篤焉。故栽者培之，傾者覆之。《詩》曰：「嘉樂君子，憲憲令德！宜民宜人，受禄于天。保佑命之，自天申之！」故大德者必受命。』

子曰：『無憂者，其惟文王乎？以王季爲父，以武王爲子，父作之，子述之。武王纘大王、王季、文王之緒，壹戎衣而有天下，身不失天下之顯名，尊爲天子，富有四海之内，宗廟饗之，子孫保之。武王末受命，周公成文、武之德，追王大王、王季，上祀先公以天子之禮。斯禮也，達乎諸侯、大夫及士、庶人。父爲大夫，子爲士，葬以大夫，祭以士。父爲士，子爲大夫，葬以士，祭以大夫。期之喪，達乎大夫；三年之喪，達乎天子；父母之喪，無貴賤一也。』

子曰：『武王、周公，其達孝矣乎！夫孝者，善繼人之志，善述人之事者也。春秋脩其祖廟，陳其宗器，設其裳衣，薦其時食。宗廟之禮，所以序昭穆也。序爵，所以辨貴賤也；序事，所以辨賢也。旅酬下爲上，所以逮賤也。燕毛，所以序齒也。踐其位，行其禮，奏其樂，敬其所尊，愛其所親，事死如事生，事亡如事存，孝之至也。郊社之禮，所以事上帝也；宗廟之禮，所以祀乎其先也。明乎郊社之禮、禘嘗之義，治國其如示諸掌乎！」

哀公問政。子曰：「文武之政，布在方策，其人存，則其政舉；其人亡，則其政息。人道敏政，地道敏樹。夫政也者，蒲盧也。故爲政在人，取人以身，脩身以道，脩道以仁。仁者，人也，親親爲大；義者，宜也，尊賢爲大。親親之殺，尊賢之等，禮所生也。在下位不獲乎上，民不可得而治矣。故君子不可以不脩身；思脩身，不可以不事親；思事親，不可以不知人；思知人，不可以不知天。天下之達道五，所以行之者三，曰君臣也、父子也、夫婦也、昆弟也、朋友之交也。五者，天下之達道也。知、仁、勇三者，天下之達德也。所以行之者一也。或生而知之，或學而知之，或困而知之，及其知之一也；或安而行之，或利而行之，或勉强而行之，及其成功一也。」

子曰：『好學近乎知，力行近乎仁，知耻近乎勇。知斯三者，則知所以脩身；知所以脩身，則知所以治人；知所以治人，則知所以治天下國家矣。凡爲天下國家有九經，曰：脩身也，尊賢也，親親也，敬大臣也，體群臣也，子庶民也，來百工也，柔遠人也，懷諸侯也。脩身則道立，尊賢則不惑，親親則諸父昆弟不怨，敬大臣則不眩，體群臣則士之報禮重，子庶民則百姓勸，來百工則財用足，柔遠人則四方歸之，懷諸侯則天下畏之。』

齊明盛服，非禮不動，所以脩身也；去讒遠色，賤貨而貴德，所以勸賢也；尊其位，重其禄，同其好惡，所以勸親親也；官盛任使，所以勸大臣也；忠信重禄，所以勸士也；時使薄斂，所以勸百姓也；日省月試，既廩稱事，所以勸百工也；送往迎來，嘉善而矜不能，所以柔遠人也；繼絶世，舉廢國，治亂持危，朝聘以時，厚往而薄來，所以懷諸侯也。

凡爲天下國家有九經，所以行之者一也。凡事豫則立，不豫則廢。言前定則不跲，事前定則不困，行前定則不疚，道前定則不窮。

禮記卷第五十三

中庸第三十一

在下位不獲乎上，民不可得而治矣。獲乎上有道，不信乎朋友，不獲乎上矣；信乎朋友有道，不順乎親，不信乎朋友矣；順乎親有道，反諸身不誠，不順乎親矣；誠身有道，不明乎善，不誠乎身矣。

誠者，天之道也；誠之者，人之道也。誠者不勉而中，不思而得，從容中道，聖人也；誠之者，擇善而固執之者也。

博學之，審問之，慎思之，明辨之，篤行之。有弗學，學之弗能，弗措也；有弗問，問之弗知，弗措也；有弗思，思之弗得，弗措也；有弗辨，辨之弗明，弗措也；有弗行，行之弗篤，弗措也。人一能之，己百之；人十能之，己千之。果能此道矣，雖愚必明，雖柔必强。

自誠明，謂之性；自明誠，謂之教。誠則明矣，明則誠矣。

唯天下至誠，爲能盡其性；能盡其性，則能盡人之性；能盡人之性，則能盡物之性；能盡物之性，則可以贊天地之化育；可以贊天地之化育，則可以與天地參矣。

其次致曲。曲能有誠，誠則形，形則著，著則明，明則動，動則變，變則化。唯天下至誠爲能化。

至誠之道，可以前知。國家將興，必有禎祥；國家將亡，必有妖孽。見乎蓍龜，動乎四體，禍福將至，善必先知之，不善必先知之，故至誠如神。

誠者自成也，而道自道也。誠者物之終始，不誠無物。是故君子誠之爲貴。誠者非自成己而已也，所以成物也。成己，仁也；成物，知也。性之德也，合外内之道也。故時措之宜也。

故至誠無息，不息則久，久則徵，徵則悠遠，悠遠則博厚，博厚則高明。博厚所以載物也，高明所以覆物也，悠久所以成物也。博厚配地，高明配天，悠久無疆。如此者，不見而章，不動而變，無爲而成，天地之道，可壹言而盡也。其爲物不貳，則其生物不測。天地之道，博也，厚也，高也，明也，悠也，久也。

今夫天，斯昭昭之多，及其無窮也，日月星辰繫焉，萬物覆焉。今夫地，一撮土之多，及其廣厚，載華嶽而不重，振河海而不泄，萬物載焉。今夫山，一卷石之多，及其廣大，草木生之，禽獸居之，寶藏興焉。今夫水，一勺之多，及其不測，黿鼉、鮫龍、魚鱉生焉，貨財殖焉。《詩》曰『惟天之命，於穆不已』，蓋曰天之所以爲天也；『於乎不顯，文王之德之純』，蓋曰文王之所以爲文也，純亦不已。

大哉聖人之道，洋洋乎發育萬物，峻極于天。優優大哉，禮儀三百，威儀三千，待其人然後行，故曰：『苟不至德，至道不凝焉。』

故君子尊德性而道問學，致廣大而盡精微，極高明而道中庸，温故而知新，敦厚以崇禮。

是故居上不驕，爲下不倍。國有道，其言足以興；國無道，其默足以容。《詩》曰『既明且哲，以保其身』，其此之謂與？

子曰：『愚而好自用，賤而好自專，生乎今之世，反古之道。如此者，灾及其身者也。』非天子不議禮，不制度，不考文。今天下車同軌，書同文，行同倫。雖有其位，苟無其德，不敢作禮樂焉；雖有其德，苟無其位，亦不敢作禮樂焉。』

子曰：『吾説夏禮，杞不足徵也；吾學殷禮，有宋存焉；吾學周禮，今用之，吾從周。王天下有三重焉，其寡過矣乎！上焉者，雖善無徵，無徵不信，不信，民弗從；下焉者，雖善不尊，不尊不信，不信，民弗從。故君子之道，本諸身，徵諸庶民，考諸三王而不繆，建諸天地而不悖，質諸鬼神而無疑，百世以俟聖人而不惑。「質諸鬼神而無疑」，知天也；「百世以俟聖人而不惑」，知人也。是故君子動而世爲天下道，行而世爲天下法，言而世爲天下則。遠之則有望，近之則不厭。《詩》曰：「在彼無惡，在此無射，庶幾夙夜，以永終譽。」君子未有不如此，而蚤有譽于天下者也。』

仲尼祖述堯舜，憲章文武，上律天時，下襲水土。辟如天地之無不持載，無不覆幬；辟如四時之錯行，如日月之代明。萬物並育而不相害，道並行而不相悖，小德川流，大德敦化，此天地之所以爲大也。唯天下至聖爲能。聰明睿知，足以有臨也；寬裕温柔，足以有容也；發强剛毅，足以有執也；齊莊中正，足以有敬也；文理密察，足以有別也。溥博淵泉，而時出之。『溥博』如天，『淵泉』如淵，見而民莫不敬，言而民莫不信，行而民莫不說。是以聲名洋溢乎中國，施及蠻貊，舟車所至，人力所通，天之所覆，地之所載，日月所照，霜露所隊，凡有血氣者，莫不尊親，故曰『配天』。唯天下至誠，爲能經綸天下之大經，立天下之大本，知天地之化育。夫焉有所倚，肫肫其仁，淵淵其淵，浩浩其天。苟不固聰明聖知達天德者，其孰能知之？《詩》曰『衣錦尚絅』，惡其文之著也。故君子之道，闇然而日章；小人之道，的然而日亡。君子之道，淡而不厭，簡而文，温而理，知遠之近，知風之自，知微之顯，可與入德矣。《詩》云『潛雖伏矣，亦孔之昭』，故君子内省不疚，無惡于志。君子所不可及者，其唯人之所不見乎？《詩》云『相在爾室，尚不愧于屋漏』，故君子不動而敬，不言而信。《詩》曰『奏假無言，時靡有争』，是故君子不賞而民勸，不怒而民威于鈇鉞。《詩》曰『不顯惟德，百辟其刑之』，是故君子篤恭而天下平。《詩》曰『予懷明德，不大聲以色』。

子曰：『聲色之于以化民，末也。《詩》曰「德輶如毛」，毛猶有倫。「上天之載，無聲無臭。」至矣。』

禮記卷第五十四

表記第三十二

子言之：「歸乎，君子隱而顯，不矜而莊，不厲而威，不言而信。」

子曰：「君子不失足于人，不失色于人，不失口于人。是故君子貌足畏也，色足憚也，言足信也。《甫刑》曰：『敬忌，而罔有擇言在躬。』」

子曰：「裼襲之不相因也，欲民之毋相瀆也。」子曰：「祭極敬，不繼之以樂；朝極辨，不繼之以倦。」

子曰：「君子慎以辟禍，篤以不揜，恭以遠耻。」

子曰：「君子莊敬日强，安肆日偷。君子不以一日使其躬儳焉，如不終日。」

子曰：「齊戒以事鬼神，擇日月以見君，恐民之不敬也。」子曰：「狎侮，死焉而不畏也。」

子曰：「無辭不相接也，無禮不相見也，欲民之毋相褻也。《易》曰：『初筮告，再三瀆，瀆則不告。』」

子言之：『仁者，天下之表也；義者，天下之制也；報者，天下之利也。』子曰：『以德報德，則民有所勸；以怨報怨，則民有所懲。《詩》曰：「無言不讎，無德不報。」《太甲》曰：「民非后，無能胥以寧；后非民，無以辟四方。」』子曰：『以德報怨，則寬身之仁也；以怨報德，則刑戮之民也。』子曰：『無欲而好仁者，無畏而惡不仁者，天下一人而已矣。是故君子議道自己，而置法以民。』子曰：『仁有三，與仁同功而異情。與仁同功，其仁未可知也；與仁同過，然後其仁可知也。仁者安仁，知者利仁，畏罪者强仁。仁者右也，道者左也；仁者人也，道者義也。厚于仁者薄于義，親而不尊；厚于義者薄于仁，尊而不親。道有至，義有考，至道以王，義道以霸，考道以爲無失。』

子言之：『仁有數，義有長短小大。中心憯怛，愛人之仁也；率法而强之，資仁者也。《詩》云：「豐水有芑，武王豈不仕。詒厥孫謀，以燕翼子，武王烝哉。」數世之人也。《國風》曰：「我今不閱，皇恤我後。」終身之仁也。』

子曰：『仁之爲器重，其爲道遠，舉者莫能勝也，行者莫能致也。取數多者，仁也。夫勉于仁者，不亦難乎？是故君子以義度人，則難爲人；以人望人，則賢者可知已矣。』子曰：『中心安仁者，天下一人而已矣。《大雅》曰：「德輶如毛，民鮮克舉之。我儀圖之，惟仲山甫舉之，愛莫助之。」《小雅》曰：「高山仰止，景行行止。」』子曰：『《詩》之好仁如此。鄉道而行，中道而廢，忘身之老也，不知年數之不足也。俛焉日有孳孳，斃而后已。』子曰：『仁之難成久矣！人人失其所好。故仁者之過，易辭也。』子曰：『恭近禮，儉近仁，信近情，敬讓以行。此雖有過，其不甚矣。夫恭寡過，情可信，儉易容也。以此失之者，不亦鮮乎？《詩》云：「温温恭人，惟德之基。」』子曰：『仁之難成久矣，惟君子能之。是故君子不以其所能者病人，不以人之所不能者愧人。是故聖人之制行也，不制以己，使民有所勸勉愧耻，以行其言。禮以節之，信以結之，容貌以文之，衣服以移之，朋友以極之，欲民之有壹也。《小雅》曰：「不愧于人，不畏于天。」是故君子服其服，則文以君子之容；有其容，則文以君子之辭；遂其辭，則實以君子之德。是故君子耻服其服而無其容，耻有其容而無其辭，耻有其辭而無其德，耻有其德而無其行。是故君子衰絰則有哀色，端冕則有敬色，甲冑則有不可辱之色。《詩》云：「惟鵜在梁，不濡其翼；彼記之子，不稱其服。」』

子言之：『君子之所謂義者，貴賤皆有事于天下，天子親耕，粢盛秬鬯以事上帝，故諸侯勤以輔事于天子。』子曰：『下之事上也，雖有庇民之大德，不敢有君民之心，仁之厚也。是故君子恭儉以求役仁，信讓以求役禮，不自尚其事，不自尊其身，儉于位而寡于欲，讓于賢，卑己而尊人，小心而畏義，求以事君。得之自是，不得自是，以聽天命。《詩》云：「莫莫葛藟，施于條枚；凱弟君子，求福不回。」其舜、禹、文王、周公之謂與？有君民之大德，有事君之小心。《詩》云：「惟此文王，小心翼翼。昭事上帝，聿懷多福。厥德不回，以受方國。」』子曰：『先王謚以尊名，節以壹惠，恥名之浮于行也。是故君子不自大其事，不自尚其功，以求處情；過行弗率，以求處厚；彰人之善而美人之功，以求下賢。是故君子雖自卑而民敬尊之。』子曰：『后稷，天下之爲烈也，豈一手一足哉。唯欲行之，浮于名也，故自謂便人。』

子言之：『君子之所謂仁者，其難乎？《詩》云：「凱弟君子，民之父母。」

凱以强教之，弟以説安之。樂而毋荒，有禮而親，威莊而安，孝慈而敬，使民有父之尊，有母之親。如此而后可以爲民父母矣。非至德其孰能如此乎？

『今父之親子也，親賢而下無能；母之親子也，賢則親之，無能則憐之。母親而不尊，父尊而不親。水之于民也，親而不尊。火尊而不親。土之于民也，親而不尊。天尊而不親。命之于民也，親而不尊。鬼尊而不親。』

子曰：『夏道尊命，事鬼敬神而遠之，近人而忠焉。先禄而後威，先賞而後罰，親而不尊。其民之敝，惷而愚，喬而野，樸而不文。

『殷人尊神，率民以事神，先鬼而後禮，先罰而後賞，尊而不親。其民之敝，蕩而不静，勝而無耻。

『周人尊禮尚施，事鬼敬神而遠之，近人而忠焉。其賞罰用爵列，親而不尊。其民之敝，利而巧，文而不慚，賊而蔽。』

子曰：『夏道未瀆辭，不求備、不大望于民，民未厭其親；殷人未瀆禮，而求備于民；周人强民，未瀆神，而賞爵刑罰窮矣。』

子曰：『虞、夏之道，寡怨于民；殷、周之道，不勝其敝。』子曰：『虞、夏之質，殷、周之文，至矣。虞、夏之文，不勝其質；殷、周之質，不勝其文。』子言之曰：『後世雖有作者，虞帝弗可及也已矣。君天下，生無私，死不厚其子，子民如父母，有憯怛之愛，有忠利之教，親而尊，安而敬，威而愛，富而有禮，惠而能散。其君子尊仁畏義，耻費輕實，忠而不犯，義而順，文而靜，寬而有辨。《甫刑》曰：「德威惟威，德明惟明。」非虞帝，其孰能如此乎？』

子言之：『事君先資其言，拜自獻其身，以成其信。是故君有責于其臣，臣有死于其言，故其受禄不誣，其受罪益寡。』

子曰：『事君，大言入則望大利，小言入則望小利。故君子不以小言受大禄，不以大言受小禄。《易》曰「不家食吉」。』

子曰：『事君不下達，不尚辭，非其人弗自。《小雅》曰：「靖共爾位，正直是與；神之聽之，式穀以女。」』

子曰：『事君遠而諫，則讇也；近而不諫，則尸利也。』子曰：『邇臣守和，宰正百官，大臣慮四方。』子曰：『事君欲諫不欲陳。《詩》云：「心乎愛矣，瑕不謂矣。中心藏之，何日忘之？」』

子曰：『事君難進而易退，則位有序；易進而難退，則亂也。故君子三揖而進，一辭而退，以遠亂也。』子曰：『事君三違而不出竟，則利祿也；人雖曰「不要」，吾弗信也。』子曰：『事君慎始而敬終。』子曰：『事君可貴可賤，可富可貧，可生可殺，而不可使爲亂。』

子曰：『事君，軍旅不辟難，朝廷不辭賤。處其位而不履其事，則亂也。故君使其臣，得志則慎慮而從之；否，則孰慮而從之。終事而退，臣之厚也。《易》曰：「不事王侯，高尚其事。」』

子曰：『唯天子受命于天，士受命于君。故君命順，則臣有順命；君命逆，則臣有逆命。《詩》曰：「鵲之姜姜，鶉之賁賁；人之無良，我以爲君。」』

子曰：『君子不以辭盡人。故天下有道，則行有枝葉；天下無道，則辭有枝葉。是故君子于有喪者之側，不能賻焉，則不問其所費；于有病者之側，不能饋焉，則不問其所欲；有客不能館，則不問其所舍。故君子之接如水，小人之接如醴；君子淡以成，小人甘以壞。《小雅》曰：「盜言孔甘，亂是用餤。」』

子曰：『君子不以口譽人，則民作忠。故君子問人之寒則衣之，問人之飢則食之，稱人之美則爵之。《國風》曰：「心之憂矣，于我歸說。」』

子曰：『口惠而實不至，怨災及其身。是故君子與其有諾責也，寧有已怨。《國風》曰：「言笑晏晏，信誓旦旦。不思其反，反是不思，亦已焉哉。」』

子曰：『君子不以色親人。情疏而貌親，在小人則穿窬之盜也與？』子曰：『情欲信，辭欲巧。』

子言之：『昔三代明王，皆事天地之神明，無非卜筮之用，不敢以其私褻事上帝。是故不犯日月，不違卜筮。卜筮不相襲也。大事有時日；小事無時日，有筮。外事用剛日，內事用柔日。不違龜筮。』子曰：『牲牷禮樂齊盛，是以無害乎鬼神，無怨乎百姓。』

子曰：『后稷之祀易富也。其辭恭，其欲儉，其祿及子孫。《詩》曰：「后稷兆祀，庶無罪悔，以迄于今。」』

子曰：『大人之器威敬。天子無筮，諸侯有守筮。天子道以筮。諸侯非其國不以筮，卜宅寢室。天子不卜處大廟。』子曰：『君子敬則用祭器。是以不廢日月，不違龜筮，以敬事其君長。是以上不瀆于民，下不褻于上。』

禮記卷第五十五

緇衣第三十三

子言之曰：『爲上易事也，爲下易知也，則刑不煩矣。』

子曰：『好賢如《緇衣》，惡惡如《巷伯》，則爵不瀆而民作愿，刑不試而民咸服。《大雅》曰：「儀刑文王，萬國作孚。」』

子曰：『夫民教之以德，齊之以禮，則民有格心；教之以政，齊之以刑，則民有遁心。故君民者，子以愛之，則民親之；信以結之，則民不倍；恭以莅之，則民有孫心。《甫刑》曰：「苗民匪用命，制以刑，惟作五虐之刑，曰法。」是以民有惡德，而遂絶其世也。』

子曰：『下之事上也，不從其所令，從其所行。上好是物，下必有甚者矣。故上之所好惡，不可不慎也，是民之表也。』子曰：『禹立三年，百姓以仁遂焉，豈必盡仁？《詩》云：「赫赫師尹，民具爾瞻。」《甫刑》曰：「一人有慶，兆民賴之。」《大雅》曰：「成王之孚，下土之式。」』

子曰：『上好仁，則下之爲仁争先人。故長民者章志、貞教、尊仁，以子愛百姓，民致行己以說其上矣。《詩》云：「有梏德行，四國順之。」』

子曰：『王言如絲，其出如綸；王言如綸，其出如綍。故大人不倡游言。可言也不可行，君子弗言也；可行也不可言，君子弗行也。則民言不危行，而行不危言矣。《詩》云：「淑慎爾止，不愆于儀。」』

子曰：『君子道人以言，而禁人以行。故言必慮其所終，而行必稽其所敝，則民謹于言而慎于行。《詩》云：「慎爾出話，敬爾威儀。」《大雅》曰：「穆穆文王，於緝熙敬止。」』

子曰：『長民者，衣服不貳，從容有常，以齊其民，則民德壹。《詩》云：「彼都人士，狐裘黄黄。其容不改，出言有章。行歸于周，萬民所望。」』

子曰：『爲上可望而知也，爲下可述而志也，則君不疑于其臣，而臣不惑于其君矣。尹吉曰：「惟尹躬及湯，咸有壹德。」《詩》云：「淑人君子，其儀不忒。」』

子曰：『有國者章義癉惡，以示民厚，則民情不貳。《詩》云：「靖共爾位，好是正直。」』

子曰：『上人疑則百姓惑，下難知則君長勞。故君民者，章好以示民俗，慎惡以御民之淫，則民不惑矣。臣儀行，不重辭，不援其所不及，不煩其所不知，則君不勞矣。《詩》云：「上帝板板，下民卒癉。」《小雅》曰：「匪其止共，惟王之邛。」』

子曰：『政之不行也，教之不成也，爵禄不足勸也，刑罰不足耻也。故上不可以褻刑而輕爵。《康誥》曰「敬明乃罰」。《甫刑》曰「播刑之不迪」。』

子曰：『大臣不親，百姓不寧，則忠敬不足，而富貴已過也；大臣不治，而邇臣比矣。故大臣不可不敬也，是民之表也；邇臣不可不慎也，是民之道也。君毋以小謀大，毋以遠言近，毋以内圖外，則大臣不怨，邇臣不疾，而遠臣不蔽矣。葉公之《顧命》曰：「毋以小謀敗大作，毋以嬖御人疾莊后，毋以嬖御士疾莊士、大夫、卿士。」』

子曰：『大人不親其所賢，而信其所賤；民是以親失，而教是以煩。《詩》云：「彼求我則，如不我得；執我仇仇，亦不我力。」《君陳》曰：「未見聖，若己弗克見；既見聖，亦不克由聖。」』

子曰：『小人溺于水，君子溺于口，大人溺于民，皆在其所褻也。夫水近于人而溺人，德易狎而難親也，易以溺人；口費而煩，易出難悔，易以溺人。夫民閉于人而有鄙心，可敬不可慢，易以溺人。故君子不可以不慎也。《太甲》曰：「毋越厥命，以自覆也。」「若虞機張，往省括于厥度則釋。」《兑命》曰：「惟口起羞，惟甲冑起兵，惟衣裳在笥，惟干戈省厥躬。」《太甲》曰：「天作孽，可違也；自作孽，不可以逭。」尹吉曰：「惟尹躬天，見于西邑夏，自周有終，相亦惟終。」』

子曰：『民以君爲心，君以民爲體；心莊則體舒，心肅則容敬。心好之，身必安之；君好之，民必欲之。心以體全，亦以體傷；君以民存，亦以民亡。《詩》云：「昔吾有先正，其言明且清，國家以寧，都邑以成，庶民以生。誰能秉國成？不自爲正，卒勞百姓。」《君雅》曰：「夏日暑雨，小民惟曰怨；資冬祁寒，小民亦惟曰怨。」』

子曰：『下之事上也，身不正，言不信，則義不壹，行無類也。』子曰：『言有物而行有格也。是以生則不可奪志，死則不可奪名。故君子多聞，質而守之；多志，質而親之；精知，略而行之。《君陳》曰：「出入自爾，師虞庶言同。」《詩》云：「淑人君子，其儀一也。』

子曰：『唯君子能好其正，小人毒其正。故君子之朋友有鄉，其惡有方。是故邇者不惑，而遠者不疑也。《詩》云「君子好仇」。』

子曰：『輕絶貧賤，而重絶富貴，則好賢不堅，而惡惡不著也。人雖曰「不利」，吾不信也。《詩》云：「朋有攸攝，攝以威儀。」』

子曰：『私惠不歸德，君子不自留焉。《詩》云：「人之好我，示我周行。」』

子曰：『苟有車，必見其軾；苟有衣，必見其敝。人苟或言之，必聞其聲；苟或行之，必見其成。《葛覃》曰「服之無射」。』

子曰：『言從而行之，則言不可飾也；行從而言之，則行不可飾也。故君子寡言而行，以成其信，則民不得大其美而小其惡。《詩》云：「白圭之玷，尚可磨也；斯言之玷，不可爲也。」《小雅》曰：「允也君子，展也大成。」《君奭》曰：「昔在上帝，周田觀文王之德，其集大命于厥躬。」』

子曰：『南人有言曰：「人而無恒，不可以爲卜筮。」古之遺言與？龜筮猶不能知也，而況于人乎？《詩》云：「我龜既厭，不我告猶。」《兑命》曰：「爵無及惡德。」民立而正事，純而祭祀，是爲不敬。事煩則亂，事神則難。《易》曰：「不恒其德，或承之羞。」「恒其德偵。婦人吉，夫子凶。」』

禮記卷第五十六

奔喪第三十四

奔喪之禮：始聞親喪，以哭答使者，盡哀；問故，又哭盡哀。遂行，日行百里，不以夜行。唯父母之喪，見星而行，見星而舍。若未得行，則成服而後行。過國至竟，哭，盡哀而止。哭辟市朝。望其國竟哭。

至于家，入門左，升自西階，殯東，西面坐，哭盡哀，括髮袒，降，堂東即位，西鄉哭，成踊，襲絰于序東，絞帶，反位，拜賓，成踊，送賓，反位。有賓後至者，則拜之、成踊，送賓皆如初。衆主人兄弟皆出門，出門哭止，闔門，相者告就次。于又哭，括髮袒，成踊。于三哭，猶括髮袒，成踊。三日成服，拜賓、送賓皆如初。

奔喪者非主人，則主人爲之拜賓送賓。奔喪者自齊衰以下，入門左，中庭北面，哭盡哀，免麻于序東，即位袒，與主人哭，成踊。于又哭、三哭皆免袒。有賓則主人拜賓、送賓。丈夫、婦人之待之也，皆如朝夕哭位，無變也。

奔母之喪，西面哭盡哀，括髮袒，降，堂東即位，西鄉哭，成踊，襲、免、絰于序東，拜賓、送賓，皆如奔父之禮。于又哭，不括髮。

婦人奔喪，升自東階，殯東，西面坐，哭盡哀，東髽，即位，與主人拾踊。

奔喪者不及殯，先之墓，北面坐，哭盡哀。主人之待之也，即位于墓左，婦人墓右，成踊，盡哀，括髮，東即主人位。絰絞帶，哭，成踊，拜賓，反位，成踊。相者告事畢。遂冠，歸入門左，北面，哭盡哀，括髮袒，成踊，東即位。拜賓，成踊。賓出，主人拜送。有賓後至者，則拜之，成踊，送賓如初。衆主人、兄弟皆出門，出門哭止。相者告就次。于又哭，括髮，成踊。于三哭，猶括髮、成踊。三日成服，于五哭，相者告事畢。爲母所以異于父者，壹括髮，其餘免以終事。他如奔父之禮。

齊衰以下，不及殯，先之墓。西面哭，盡哀，免麻于東方，即位，與主人哭，成踊，襲。有賓，則主人拜賓、送賓。賓有後至者，拜之如初，相者告事畢。遂冠，歸入門左，北面，哭盡哀，免袒，成踊，東即位，拜賓，成踊。賓出，主人拜送。于又哭，免袒，成踊。于三哭，猶免袒、成踊。三日成服，于五哭，相者告事畢。

聞喪不得奔喪，哭盡哀。問故，又哭盡哀。乃爲位，括髮袒，成踊，襲、絰、絞帶，即位。拜賓，反位，成踴。賓出，主人拜送于門外，反位。若有賓後至者，拜之、成踴、送賓如初。于又哭，括髮袒，成踴。于三哭，猶括髮袒，成踴。三日成服，于五哭，拜賓、送賓如初。

若除喪而後歸，則之墓，哭，成踴，東括髮袒，絰，拜賓，成踴，送賓，反位，又哭盡哀，遂除，于家不哭。主人之待之也，無變于服，與之哭，不踴。

自齊衰以下，所以異者免麻。

凡爲位，非親喪，齊衰以下皆即位。哭盡哀，而東免、絰，即位，袒、成踴。襲，拜賓，反位，哭，成踴，送賓，反位。相者告就次。三日五哭，卒，主人出送賓，衆主人、兄弟皆出門，哭止，相者告事畢。成服，拜賓。若所爲位，家遠，則成服而往。

齊衰望鄉而哭，大功望門而哭，小功至門而哭，緦麻即位而哭。

哭父之黨于廟，母、妻之黨于寢，師于廟門外，朋友于寢門外，所識于野張帷。

凡爲位不奠。哭天子九，諸侯七，卿大夫五，士三。大夫哭諸侯，不敢拜賓。諸臣在他國，爲位而哭，不敢拜賓。與諸侯爲兄弟，亦爲位而哭。凡爲位者壹袒。

所識者吊，先哭于家而後之墓，皆爲之成踴，從主人北面而踴。

凡喪，父在，父爲主；父没，兄弟同居，各主其喪；親同，長者主之；不同，親者主之。

聞遠兄弟之喪，既除喪而後聞喪，免袒，成踴，拜賓則尚左手。

無服而爲位者，唯嫂叔，及婦人降而無服者麻。

凡奔喪，有大夫至，袒，拜之，成踴，而後襲。于士，襲而後拜之。

問喪第三十五

親始死，鷄斯，徒跣，扱上衽，交手哭。惻怛之心，痛疾之意，傷腎、乾肝、焦肺，水漿不入口，三日不舉火，故鄰里爲之糜粥以飲食之。夫悲哀在中，故形變于外也；痛疾在心，故口不甘味，身不安美也。三日而斂，在床曰尸，在棺曰柩。動尸舉柩，哭踴無數。惻怛之心，痛疾之意，悲哀志懣氣盛，故袒而踴之，所以動體、安心、下氣也。婦人不宜袒，故發胸、擊心、爵踴，殷殷田田，如壞墻然，悲哀痛疾之至也。故曰『辟踴哭泣，哀以送之，送形而往，迎精而反』也。其往送也，望望然，汲汲然，如有追而弗及也；其反哭也，皇皇然，若有求而弗得也。故其往送也如慕，其反也如疑。求而無所得之也，入門而弗見也，上堂又弗見也，入室又弗見也。亡矣喪矣，不可復見已矣！故哭泣辟踊，盡哀而止矣。心悵焉愴焉，惚焉愾焉，心絶志悲而已矣。祭之宗廟，以鬼饗之，徼幸復反也。成壙而歸，不敢入處室，居于倚廬，哀親之在外也。寢苫枕塊，哀親之在土也。故哭泣無時，服勤三年，思慕之心，孝子之志也，人情之實也。或問曰：『死三日而後斂者，何也？』曰：『孝子親死，悲哀志懣，故匍匐而哭之，若將復生然，安可得奪而斂之也？故曰：三日而後斂者，以俟其生也。三日而不生，亦不生矣。孝子之心，亦益衰矣；家室之計，衣服之具，亦可以成矣；親戚之遠者，亦可以至矣。是故聖人爲之斷決，以三日爲之禮制也。』或問曰：『冠者不肉袒，何也？』曰：『冠至尊也，不居肉袒之體也，故爲之免以代之也。然則禿者不免，傴者不袒，跛者不踊，非不悲也；身有錮疾，不可以備禮也，故曰「喪禮唯哀爲主」矣。女子哭泣悲哀，擊胸傷心；男子哭泣悲哀，稽顙觸地無容，哀之至也。』或問曰：『免者以何爲也？』曰：『不冠者之所服也。《禮》曰：「童子不緦，唯當室緦。」緦者其免也，當室則免而杖矣。』或問曰：『杖者何也？』曰：『竹、桐一也。故爲父苴杖，苴杖，竹也；爲母削杖，削杖，桐也。』或問曰：『杖者以何爲也？』曰：『孝子喪親，哭泣無數，服勤三年，身病體羸，以杖扶病也。則父在不敢杖矣，尊者在故也；堂上不杖，辟尊者之處也；堂上不趨，示不遽也。此孝子之志也，人情之實也，禮義之經也。非從天降也，非從地出也，人情而已矣。』

禮記卷第五十七

服問第三十六

傳曰『有從輕而重』，公子之妻爲其皇姑；『有從重而輕』，爲妻之父母；『有從無服而有服』，公子之妻爲公子之外兄弟；『有從有服而無服』，公子爲其妻之父母。傳曰『母出，則爲繼母之黨服；母死，則爲其母之黨服』。爲其母之黨服，則不爲繼母之黨服。三年之喪既練矣，有期之喪既葬矣，則帶其故葛帶，絰期之絰，服其功衰。有大功之喪，亦如之。小功無變也。麻之有本者，變三年之葛。既練，遇麻斷本者，于免絰之。既免去絰，每可以絰必絰，既絰則去之。小功不易喪之練冠，如免，則絰其緦、小功之絰，因其初葛帶。緦之麻，不變小功之葛；小功之麻，不變大功之葛，以有本爲稅。殤長、中，變三年之葛，終殤之月筭，而反三年之葛。是非重麻，爲其無卒哭之稅。下殤則否。君爲天子三年，夫人如外宗之爲君也。世子不爲天子服。君所主：夫人妻、大子、適婦。大夫之適子爲君、夫人、大子，如士服。君之母非夫人，則群臣無服，唯近臣及僕、驂乘從服，唯君所服服也。公爲卿大夫錫衰以居，出亦如之，當事則弁絰。大夫相爲亦然。爲其妻，往則服之，出則否。

凡見人無免絰，雖朝于君，無免絰，唯公門有稅齊衰。傳曰「君子不奪人之喪，亦不可奪喪也」。傳曰「罪多而刑五，喪多而服五，上附下附，列也」。

問傳第三十七

斬衰何以服苴？苴，惡貌也，所以首其内而見諸外也。斬衰貌若苴，齊衰貌若枲，大功貌若止，小功、緦麻容貌可也。此哀之發于容體者也。斬衰之哭，若往而不反；齊衰之哭，若往而反；大功之哭，三曲而偯；小功、緦麻，哀容可也。此哀之發于聲音者也。斬衰唯而不對，齊衰對而不言，大功言而不議，小功、緦麻議而不及樂。此哀之發于言語者也。斬衰三日不食，齊衰二日不食，大功三不食，小功、緦麻再不食，士與斂焉，則壹不食。故父母之喪，既殯食粥，朝一溢米，莫一溢米；齊衰之喪，疏食水飲，不食菜果；大功之喪，不食醯醬；小功、緦麻，不飲醴酒。此哀之發于飲食者也。父母之喪，既虞、卒哭，疏食水飲，不食菜果；期而小祥，食菜果；又期而大祥，有醯醬；中月而禫，禫而飲醴酒。始飲酒者，先飲醴酒；始食肉者，先食乾肉。父母之喪，居倚廬，寢苫枕塊，不説絰帶；齊衰之喪，居堊室，芐翦不納；大功之喪，寢有席；小功、緦麻，床可也。此哀之發于居處者也。父母之喪，既虞、卒哭，柱楣翦屏，芐翦不納；期而小祥，居堊室，寢有席；又期而大祥，居復寢；中月而禫，禫而床。斬衰三升，齊衰四升、五升、六升，大功七升、八升、九升，小功十升、十一升、十二升。緦麻十五升，去其半，有事其縷，無事其布曰緦。此哀之發于衣服者也。斬衰三升，既虞、卒哭，受以成布六升、冠七升；爲母疏衰四升，受以成布七升、冠八升。去麻服葛，葛帶三重。期而小祥，練冠縓緣，要絰不除，男子除乎首，婦人除乎帶。男子何爲除乎首也？婦人何爲除乎帶也？男子重首，婦人重帶。除服者先重者，易服者易輕者。又期而大祥，素縞麻衣。中月而禫，禫而纖，無所不佩。易服者何爲易輕者也？斬衰之喪，既虞、卒哭，遭齊衰之喪。輕者包，重者特。既練，遭大功之喪，麻葛重。

齊衰之喪，既虞、卒哭，遭大功之喪，麻、葛兼服之。

斬衰之葛，與齊衰之麻同；齊衰之葛，與大功之麻同；大功之葛，與小功之麻同；小功之葛，與緦之麻同。麻同則兼服之。兼服之服重者，則易輕者也。

禮記卷第五十八

三年問第三十八

三年之喪，何也？曰：稱情而立文，因以飾群，别親疏、貴賤之節，而弗可損益也，故曰『無易之道也』。創巨者其日久，痛甚者其愈遲。三年者，稱情而立文，所以爲至痛極也。斬衰苴杖，居倚廬，食粥，寢苫枕塊，所以爲至痛飾也。三年之喪，二十五月而畢，哀痛未盡，思慕未忘，然而服以是斷之者，豈不送死有已、復生有節也哉！

凡生天地之間者，有血氣之屬必有知，有知之屬莫不知愛其類。今是大鳥獸，則失喪其群匹，越月逾時焉，則必反巡，過其故鄉，翔回焉，鳴號焉，蹢躅焉，踟蹰焉，然後乃能去之。小者至于燕雀，猶有啁噍之頃焉，然後乃能去之。故有血氣之屬者，莫知于人，故人于其親也，至死不窮。

將由夫患邪淫之人與？則彼朝死而夕忘之，然而從之，則是曾鳥獸之不若也。夫焉能相與群居而不亂乎？

將由夫脩飾之君子與？則三年之喪，二十五月而畢，若駟之過隙，然而遂之，則是無窮也。

故先王焉爲之立中制節，壹使足以成文理，則釋之矣。

然則何以至期也？曰：至親以期斷。是何也？曰：天地則已易矣，四時則已變矣，其在天地之中者，莫不更始焉，以是象之也。

然則何以三年也？曰：加隆焉爾也。焉使倍之，故再期也。

由九月以下，何也？曰：焉使弗及也。故三年以爲隆，緦、小功以爲殺，期、九月以爲間。上取象于天，下取法于地，中取則于人，人之所以群居和壹之理盡矣。故三年之喪，人道之至文者也。夫是之謂至隆。是百王之所同，古今之所壹也。未有知其所由來者也。孔子曰：『子生三年，然後免于父母之懷。』夫三年之喪，天下之達喪也。

深衣第三十九

古者深衣，蓋有制度，以應規矩繩權衡。短毋見膚，長毋被土。續衽鉤邊，要縫半下。袼之高下，可以運肘；袂之長短，反詘之及肘。帶，下毋厭髀，上毋厭脅，當無骨者。制十有二幅，以應十有二月。袂圜以應規，曲袷如矩以應方，負繩及踝以應直，下齊如權衡以應平。故規者，行舉手以爲容；負繩抱方者，以直其政，方其義也。故《易》曰：『《坤》六二之動，直以方也。』下齊如權衡者，以安志而平心也。五法已施，故聖人服之。故規矩取其無私，繩取其直，權衡取其平，故先王貴之。故可以爲文，可以爲武，可以擯相，可以治軍旅。完且弗費，善衣之次也。具父母、大父母，衣純以績；具父母，衣純以青；如孤子，衣純以素。純袂、緣、純邊，廣各寸半。

投壺第四十

投壺之禮，主人奉矢，司射奉中，使人執壺。主人請曰：『某有枉矢哨壺，請以樂賓。』賓曰：『子有旨酒嘉肴，某既賜矣，又重以樂，敢辭。』主人曰：『枉矢哨壺，不足辭也，敢以請。』賓曰：『某既賜矣，又重以樂，敢固辭。』主人曰：『枉矢哨壺，不足辭也，敢固以請。』賓曰：『某固辭不得命，敢不敬從？』

賓再拜受，主人般還，曰：『辟。』主人阼階上拜送，賓盤還，曰：『辟。』

已拜，受矢，進即兩楹間，退反位，揖賓就筵。

司射進度壺，間以二矢半。反位，設中，東面，執八筭興。

請賓，曰：『順投爲入，比投不釋，勝飲不勝者。正爵既行，請爲勝者立馬，一馬從二馬。三馬既立，請慶多馬。』請主人亦如之。

命弦者曰：『請奏《貍首》，間若一。』大師曰：『諾。』

左右告矢具，請拾投。有入者，則司射坐而釋一筭焉。賓黨于右，主黨于左。

卒投，司射執筭曰：『左右卒投，請數。』二筭爲純，一純以取，一筭爲奇。遂以奇筭告，曰：『某賢于某若干純。』奇則曰奇，均則曰左右鈞。

命酌曰：『請行觴。』酌者曰：『諾。』當飲者皆跪，奉觴曰：『賜灌。』勝者跪曰：『敬養。』

正爵既行，請立馬。馬各直其筭。一馬從二馬，以慶。慶禮曰：『三馬既備，請慶多馬。』賓主皆曰：『諾。』正爵既行，請徹馬。

筭多少視其坐。籌，室中五扶，堂上七扶，庭中九扶。筭長尺二寸。壺頸脩七寸，腹脩五寸，口徑二寸半，容斗五升。壺中實小豆焉，爲其矢之躍而出也。壺去席二矢半。矢，以柘若棘，毋去其皮。

魯令弟子辭曰：『毋幠，毋敖，毋偝立，毋踰言。偝立、踰言有常爵。』薛令弟子辭曰：『毋幠，毋敖，毋偝立，毋踰言。若是者浮。』

鼓：○□○○□□○□○○□。半，○□○□○○○□□○□○。魯鼓，○□○○○□□○□○○□□○□○○□□○。半，○□○○○□□○。薛鼓，取半以下爲投壺禮，盡用之爲射禮。司射、庭長及冠士立者，皆屬賓黨；樂人及使者、童子，皆屬主黨。魯鼓：○□○○□□○。半，○□○○□○○○○□○□○。薛鼓：○□○○○○□○□○□○○○□○□○○□○。半，○□○□○○○○□○。

禮記卷第五十九

儒行第四十一

魯哀公問于孔子曰：『夫子之服，其儒服與？』孔子對曰：『丘少居魯，衣逢掖之衣；長居宋，冠章甫之冠。丘聞之也，君子之學也博，其服也鄉。丘不知儒服。』哀公曰：『敢問儒行？』孔子對曰：『遽數之不能終其物，悉數之乃留。更僕，未可終也。』哀公命席，孔子侍，曰：『儒有席上之珍以待聘，夙夜强學以待問，懷忠信以待舉，力行以待取。其自立有如此者。儒有衣冠中，動作慎。其大讓如慢，小讓如僞；大則如威，小則如愧。其難進而易退也，粥粥若無能也。其容貌有如此者。儒有居處齊難，其坐起恭敬；言必先信，行必中正；道塗不爭險易之利，冬夏不爭陰陽之和。愛其死以有待也，養其身以有爲也。其備豫有如此者。儒有不寶金玉，而忠信以爲寶；不祈土地，立義以爲土地；不祈多積，多文以爲富。難得而易禄也，易禄而難畜也。非時不見，不亦「難得」乎？非義不合，不亦「難畜」乎？先勞而後禄，不亦「易禄」乎？其近人有如此者。儒有委之以貨財，淹之以樂好，見利不虧其義；劫之以衆，沮之以兵，見死不更其守；鷙蟲攫搏，不程勇者，引重鼎不程其力；往者不悔，來者不豫；過言不再，流言不極；不斷其威，不習其謀。其特立有如此者。

「儒有可親而不可劫也，可近而不可迫也，可殺而不可辱也。其居處不淫，其飲食不溽，其過失可微辨而不可面數也。其剛毅有如此者。

「儒有忠信以爲甲胄，禮義以爲干櫓；戴仁而行，抱義而處；雖有暴政，不更其所。其自立有如此者。

「儒有一畝之宮，環堵之室，篳門圭窬，蓬户甕牖；易衣而出，并日而食，上答之不敢以疑，上不答不敢以諂。其仕有如此者。

「儒有今人與居，古人與稽；今世行之，後世以爲楷；適弗逢世，上弗援，下弗推。讒諂之民，有比黨而危之者，身可危也，而志不可奪也。雖危，起居竟信其志，猶將不忘百姓之病也。其憂思有如此者。

「儒有博學而不窮，篤行而不倦；幽居而不淫，上通而不困；禮之以和爲貴，忠信之美，優游之法；，舉賢而容衆，毀方而瓦合。其寬裕有如此者。

『儒有内稱不辟親，外舉不辟怨；，程功積事，推賢而進達之，不望其報；，君得其志，苟利國家，不求富貴。其舉賢援能有如此者。

『儒有聞善以相告也，見善以相示也，爵位相先也，患難相死也，久相待也，遠相致也。其任舉有如此者。

『儒有澡身而浴德，陳言而伏，静而正之，上弗知也，粗而翹之，又不急爲也；，不臨深而爲高，不加少而爲多；，世治不輕，世亂不沮，同弗與，異弗非也。其特立獨行有如此者。

『儒有上不臣天子，下不事諸侯；，慎静而尚寬，强毅以與人；，博學以知服，近文章，砥厲廉隅；，雖分國如錙銖，不臣不仕。其規爲有如此者。

『儒有合志同方，營道同術，並立則樂，相下不厭，久不相見，聞流言不信。其行本方立義，同而進，不同而退。其交友有如此者。

『温良者，仁之本也；，敬慎者，仁之地也；，寬裕者，仁之作也；，孫接者，仁之能也；禮節者，仁之貌也；言談者，仁之文也；歌樂者，仁之和也；分散者，仁之施也。儒皆兼此而有之，猶且不敢言仁也。其尊讓有如此者。

『儒有不隕穫于貧賤，不充詘于富貴，不慁君王，不累長上，不閔有司，故曰「儒」。今衆人之命儒也妄常，以儒相詬病。』孔子至舍，哀公館之，聞此言也，言加信，行加義，終没吾世，不敢以儒爲戲。』

禮記卷第六十

大學第四十二

大學之道，在明明德，在親民，在止于至善。知止而後有定，定而後能靜，靜而後能安，安而後能慮，慮而後能得。物有本末，事有終始，知所先後，則近道矣。古之欲明明德于天下者，先治其國；欲治其國者，先齊其家；欲齊其家者，先脩其身；欲脩其身者，先正其心；欲正其心者，先誠其意；欲誠其意者，先致其知。致知在格物。物格而後知至，知至而後意誠，意誠而後心正，心正而後身脩，身脩而後家齊，家齊而後國治，國治而後天下平。自天子以至于庶人，壹是皆以脩身爲本，其本亂而末治者否矣。其所厚者薄，而其所薄者厚，未之有也。此謂知本，此謂知之至也。所謂誠其意者，毋自欺也，如惡惡臭，如好好色，此之謂自謙，故君子必慎其獨也。小人閒居爲不善，無所不至，見君子而後厭然，揜其不善，而著其善。人之視己，如見其肺肝，然則何益矣？此謂誠于中，形于外，故君子必慎其獨也。曾子曰：『十目所視，十手所指，其嚴乎？』富潤屋，德潤身，心廣體胖，故君子必誠其意。《詩》

云：『瞻彼淇澳，菉竹猗猗。有斐君子，如切如磋，如琢如磨。瑟兮僩兮，赫兮喧兮。有斐君子，終不可諠兮。』『如切如磋』者，道學也；『如琢如磨』者，自脩也；『瑟兮僩兮』者，恂慄也；『赫兮喧兮』者，威儀也；『有斐君子，終不可諠兮』者，道盛德至善，民之不能忘也。《詩》云：『於戲，前王不忘。』君子賢其賢而親其親，小人樂其樂而利其利，此以没世不忘也。《康誥》曰『克明德』，《大甲》曰『顧諟天之明命』，《帝典》曰『克明峻德』，皆自明也。湯之《盤銘》曰『苟日新，日日新，又日新』，《康誥》曰『作新民』，《詩》曰『周雖舊邦，其命惟新』。是故君子無所不用其極。《詩》云：『邦畿千里，惟民所止。』《詩》云：『緡蠻黄鳥，止于丘隅。』子曰：『于止，知其所止，可以人而不如鳥乎？』《詩》云：『穆穆文王，於緝熙敬止。』爲人君止于仁，爲人臣止于敬，爲人子止于孝，爲人父止于慈，與國人交止于信。

子曰：『聽訟，吾猶人也。必也使無訟乎！』無情者不得盡其辭，大畏民志。此謂知本。所謂脩身在正其心者，身有所忿懥，則不得其正；有所恐懼，則不得其正；有所好樂，則不得其正；有所憂患，則不得其正。心不在焉，視而不見，聽而不聞，食而不知其味。此謂脩身在正其心。所謂齊其家在脩其身者，人之其所親愛而辟焉，之其所賤惡而辟焉，之其所畏敬而辟焉，之其所哀矜而辟焉，之其所敖惰而辟焉。故好而知其惡，惡而知其美者，天下鮮矣。故諺有之曰：『人莫知其子之惡，莫知其苗之碩。』此謂身不脩，不可以齊其家。所謂治國必先齊其家者，其家不可教，而能教人者無之，故君子不出家而成教于國。孝者，所以事君也；弟者，所以事長也；慈者，所以使衆也。《康誥》曰『如保赤子』，心誠求之，雖不中不遠矣。未有學養子而後嫁者也。一家仁，一國興仁；一家讓，一國興讓；一人貪戾，一國作亂。其機如此。此謂一言僨事，一人定國。堯、舜率天下以仁，而民從之；桀、紂率天下以暴，而民從之。其所令反其所好，而民不從。是故君子有諸己而後求諸人，無諸己而後非諸人。所藏乎身不恕，而能喻諸人者，未之有也。故治國在齊其家。《詩》云：『桃之夭夭，其葉蓁蓁；之子于歸，宜其家人。』宜其家人，而後可以教國人。《詩》云：『宜兄宜弟。』宜兄宜弟，而後可以教國人。《詩》云：『其儀不忒，正是四國。』其爲父子、兄弟足法，而後民法之也。此謂治國在齊其家。所謂平天下在治其國者，上老老而民興孝，上長長而民興弟，上恤孤而民不倍，是以君子有絜矩之道也。所惡于上，毋以使下；所惡于下，毋以事上；所惡于前，毋以先後；所惡于後，毋以從前；所惡于右，毋以交于左；所惡于左，毋以交于右。此之謂『絜矩之道』。《詩》云：『樂只君子，民之父母。』民之所好好之，民之所惡惡之，此之謂『民之父母』。《詩》云：『節彼南山，維石巖巖。赫赫師尹，民具爾瞻。』有國者不可以不慎，辟則爲天下僇矣。《詩》云：『殷之未喪師，克配上帝。儀監于殷，峻命不易。』道得衆則得國，失衆則失國。是故君子先慎乎德。有德此有人，有人此有土，有土此有財，有財此有用。德者本也，財者末也。外本内末，争民施奪。是故財聚則民散，財散則民聚。是故言悖而出者，亦悖而入；貨悖而入者，亦悖而出。《康誥》曰：『惟命不于常。』道善則得之，不善則失之矣。《楚書》曰：『楚國無以爲寶，惟善以爲寶。』舅犯曰：『亡人無以爲寶，仁親以爲寶。』《秦誓》曰：『若有一介臣，斷斷兮無他技，其心休休焉，其如有容焉。人之有技，若己有之。人之彦聖，其心好之，不啻若自其口出，實能容之，以能保我子孫黎民，尚亦有利哉！人之有技，媢嫉以惡之；人之彦聖，而違之，俾不通，實不能容，以不能保我子孫黎民，亦曰殆哉！』唯仁人放流之，迸諸四夷，不與同中國。此謂唯仁人，爲能愛人，能惡人。見賢而不能舉，舉而不能先，命也；見不善而不能退，退而不能遠，過也。好人之所惡，惡人之所好，是謂拂人之性，灾必逮夫身。是故君子有大道，必忠信以得之，驕泰以失之。生財有大道，生之者衆，食之者寡，爲之者疾，用之者舒，則財恒足矣。仁者以財發身，不仁者以身發財。未有上好仁，而下不好義者也；未有好義，其事不終者也；未有府庫財，非其財者也。孟獻子曰：『畜馬乘，不察于鷄豚；伐冰之家，不畜牛羊；百乘之家，不畜聚斂之臣。與其有聚斂之臣，寧有盜臣。』此謂國不以利爲利，以義爲利也。長國家而務財用者，必自小人矣。彼爲善之，小人之使爲國家，灾害並至，雖有善者，亦無如之何矣！此謂國不以利爲利，以義爲利也。

禮記卷第六十一

冠義第四十三

凡人之所以爲人者，禮義也。禮義之始，在于正容體、齊顔色、順辭令。容體正，顔色齊，辭令順，而後禮義備。以正君臣，親父子，和長幼。君臣正，父子親，長幼和，而後禮義立。故冠而後服備，服備而後容體正，顔色齊，辭令順。故曰『冠者，禮之始也』。是故古者聖王重冠。古者冠禮，筮日、筮賓，所以敬冠事。敬冠事所以重禮，重禮所以爲國本也。故冠于阼，以著代也；醮于客位，三加彌尊，加有成也；已冠而字之，成人之道也。見于母，母拜之；見于兄弟，兄弟拜之：成人而與爲禮也。玄冠、玄端，奠摯于君，遂以摯見于鄉大夫、鄉先生，以成人見也。成人之者，將責成人禮焉也。責成人禮焉者，將責爲人子、爲人弟、爲人臣、爲人少者之禮行焉。將責四者之行于人，其禮可不重與？故孝弟忠順之行立，而後可以爲人；可以爲人，而後可以治人也。故聖王重禮。故曰『冠者，禮之始也，嘉事之重者也』。是故古者重冠。重冠，故行之于廟；行之于廟者，所以尊重事；尊重事，而不敢擅重事；不敢擅重事，所以自卑而尊先祖也。

昏義第四十四

昏禮者，將合二姓之好，上以事宗廟，而下以繼後世也，故君子重之。是以昏禮納采、問名、納吉、納徵、請期，皆主人筵几于廟，而拜迎于門外，入揖讓而升，聽命于廟，所以敬慎重正昏禮也。

父親醮子而命之迎，男先于女也。子承命以迎，主人筵几于廟，而拜迎于門外。婿執雁入，揖讓升堂，再拜奠雁，蓋親受之于父母也。降出，御婦車，而婿授綏，御輪三周，先俟于門外。婦至，婿揖婦以入，共牢而食，合巹而酳，所以合體同尊，卑以親之也。

敬慎重正，而後親之，禮之大體，而所以成男女之別，而立夫婦之義也。男女有別，而後夫婦有義；夫婦有義，而後父子有親；父子有親，而後君臣有正。故曰『昏禮者，禮之本也』。

夫禮始于冠，本于昏，重于喪祭，尊于朝聘，和于射鄉。此禮之大體也。

夙興，婦沐浴以俟見。質明，贊見婦于舅姑，婦執笲，棗、栗、段脩以見。贊醴婦，婦祭脯醢，祭醴，成婦禮也。舅姑入室，婦以特豚饋，明婦順也。厥明，舅姑共饗婦，以一獻之禮奠酬，舅姑先降自西階，婦降自阼階，以著代也。

成婦禮，明婦順，又申之以著代，所以重責婦順焉也。婦順者，順于舅姑，和于室人，而後當于夫，以成絲麻、布帛之事，以審守委積蓋藏。是故婦順備，而後內和理；內和理，而後家可長久也。故聖王重之。

是以古者婦人先嫁三月，祖廟未毀，教于公宮。祖廟既毀，教于宗室。教以婦德、婦言、婦容、婦功。教成，祭之，牲用魚，芼之以蘋藻，所以成婦順也。

古者天子后立六宮、三夫人、九嬪、二十七世婦、八十一御妻，以聽天下之內治，以明章婦順，故天下內和而家理。天子立六官、三公、九卿、二十七大夫、八十一元士，以聽天下之外治，以明章天下之男教，故外和而國治。故曰：『天子聽男教，后聽女順；天子理陽道，后治陰德；天子聽外治，后聽內職。教順成俗，外內和順，國家理治，此之謂盛德。』

是故男教不脩，陽事不得，適見于天，日爲之食；婦順不脩，陰事不得，適見于天，月爲之食。是故日食則天子素服而脩六官之職，蕩天下之陽事；月食則后素服而脩六宮之職，蕩天下之陰事。故天子與后，猶日之與月，陰之與陽，相須而後成者也。天子脩男教，父道也；后脩女順，母道也。故曰：『天子之與后，猶父之與母也。』故爲天王服斬衰，服父之義也；爲后服資衰，服母之義也。

鄉飲酒義第四十五

鄉飲酒之義，主人拜迎賓于庠門之外，入三揖而后至階，三讓而後升，所以致尊讓也。盥洗揚觶，所以致絜也。拜至，拜洗，拜受，拜送，拜既，所以致敬也。尊讓、絜、敬也者，君子之所以相接也。君子尊讓則不争，絜、敬則不慢。不慢不争，則遠于鬭、辨矣；不鬭、辨，則無暴亂之禍矣。斯君子之所以免于人禍也。故聖人制之以道。

鄉人、士、君子，尊于房中之間，賓主共之也。尊有玄酒，貴其質也。羞出自東房，主人共之也。洗當東榮，主人之所以自絜，而以事賓也。

賓主，象天地也；介僎，象陰陽也；三賓，象三光也。讓之三也，象月之三日而成魄也；四面之坐，象四時也。天地嚴凝之氣，始于西南，而盛于西北，此天地之尊嚴氣也，此天地之義氣也。天地温厚之氣，始于東北，而盛于東南，此天地之盛德氣也，此天地之仁氣也。主人者尊賓，故坐賓于西北，而坐介于西南，以輔賓。賓者，接人以義者也，故坐于西北；主人者，接人以德厚者也，故坐于東南。而坐僎于東北，以輔主人也。仁義接，賓主有事，俎豆有數，曰聖。聖立而將之以敬，曰禮；禮以體長幼，曰德。德也者，得于身也。故曰：『古之學術道者，將以得身也。是故聖人務焉。』

祭薦，祭酒，敬禮也。嚌肺，嘗禮也。啐酒，成禮也，于席末。言是席之正，非專爲飲食也，爲行禮也，此所以貴禮而賤財也。卒觶，致實于西階上，言是席之上，非專爲飲食也。此先禮而後財之義也。先禮而後財，則民作敬讓而不爭矣。

鄉飲酒之禮，六十者坐，五十者立侍，以聽政役，所以明尊長也。六十者三豆，七十者四豆，八十者五豆，九十者六豆，所以明養老也。民知尊長養老，而後乃能入孝弟。民入孝弟，出尊長養老，而後成教，成教而後國可安也。君子之所謂孝者，非家至而日見之也，合諸鄉射，教之鄉飲酒之禮，而孝弟之行立矣。

孔子曰：『吾觀于鄉，而知王道之易易也。』

主人親速賓及介，而衆賓自從之，至于門外。主人拜賓及介，而衆賓自入，貴賤之義别矣。

三揖至于階，三讓以賓升，拜至，獻酬辭讓之節繁；及介，省矣。至于衆賓，升受、坐祭、立飲，不酢而降，隆殺之義辨矣。

工入，升歌三終，主人獻之；笙入三終，主人獻之；間歌三終，合樂三終，工告樂備，遂出。一人揚觶，乃立司正焉。知其能和樂而不流也。

賓酬主人，主人酬介，介酬衆賓，少長以齒，終于沃洗者焉。知其能弟長而無遺矣。

降，説屨升坐，脩爵無數。飲酒之節，朝不廢朝，莫不廢夕。賓出，主人拜送，節文終遂焉。知其能安燕而不亂也。

貴賤明，隆殺辨，和樂而不流，弟長而無遺，安燕而不亂。此五行者，足以正身安國矣。彼國安而天下安，故曰：『吾觀于鄉，而知王道之易易也。』

鄉飲酒之義，立賓以象天，立主以象地，設介僎以象日月，立三賓以象三光。古之制禮也，經之以天地，紀之以日月，參之以三光，政教之本也。

亨狗于東方，祖陽氣之發于東方也。洗之在阼，其水在洗東，祖天地之左海也。尊有玄酒，教民不忘本也。

賓必南鄉。東方者春，春之爲言蠢也，産萬物者聖也。南方者夏，夏之爲言假也，養之、長之、假之，仁也。西方者秋，秋之爲言愁也，愁之以時察，守義者也。北方者冬，冬之爲言中也，中者藏也。是以天子之立也，左聖鄉仁，右義倩藏也。介必東鄉，介賓、主也。主人必居東方。東方者春，春之爲言蠢也，産萬物者也。主人者造之，産萬物者也。月者三日則成魄，三月則成時。是以禮有三讓，建國必立三卿。三賓者，政教之本，禮之大參也。

禮記卷第六十二

射義第四十六

古者諸侯之射也，必先行燕禮；卿、大夫、士之射也，必先行鄉飲酒之禮。故燕禮者，所以明君臣之義也；鄉飲酒之禮者，所以明長幼之序也。

故射者，進退周還必中禮。内志正，外體直，然後持弓矢審固。持弓矢審固，然後可以言『中』。此可以觀德行矣。

其節，天子以《騶虞》爲節，諸侯以《貍首》爲節，卿大夫以《采蘋》爲節，士以《采繁》爲節。《騶虞》者，樂官備也；《貍首》者，樂會時也；《采蘋》者，樂循法也；《采繁》者，樂不失職也。是故天子以備官爲節，諸侯以時會天子爲節，卿大夫以循法爲節，士以不失職爲節。故明乎其節之志，以不失其事，則功成而德行立。德行立，則無暴亂之禍矣，功成則國安。故曰：『射者，所以觀盛德也。』

是故古者天子以射選諸侯、卿、大夫、士。射者，男子之事也，因而飾之以禮樂也。故事之盡禮樂，而可數爲，以立德行者，莫若射，故聖王務焉。

是故古者天子之制，諸侯歲獻，貢士于天子，天子試之于射宮。其容體比于禮，其節比于樂，而中多者，得與于祭。其容體不比于禮，其節不比于樂，而中少者，不得與于祭。數與于祭而君有慶，數不與于祭而君有讓。數有慶而益地，數有讓而削地。故曰：『射者，射爲諸侯也。』是以諸侯君臣盡志于射，以習禮樂。夫君臣習禮樂而以流亡者，未之有也。

故《詩》曰：『曾孫侯氏，四正具舉。大夫君子，凡以庶士，小大莫處，御于君所。以燕以射，則燕則譽。』言君臣相與盡志于射，以習禮樂，則安則譽也。是以天子制之，而諸侯務焉。此天子之所以養諸侯而兵不用，諸侯自爲正之具也。

孔子射于矍相之圃，蓋觀者如堵墻。射至于司馬，使子路執弓矢出延射，曰：『賁軍之將，亡國之大夫，與爲人後者，不入，其餘皆入。』蓋去者半，入者半。又使公罔之裘、序點揚觶而語。公罔裘揚觶而語曰：『幼壯孝弟，耆耋好禮，不從流俗，脩身以俟死，者不？在此位也。』蓋去者半，處者半。序點又揚觶而語曰：『好學不倦，好禮不變，旄期稱道不亂，者不？在此位也。』蓋廑有存者。

射之爲言者，繹也，或曰舍也。繹者，各繹己之志也。故心平體正，持弓矢審固；持弓矢審固，則射中矣。故曰：『爲人父者，以爲父鵠；爲人子者，以爲子鵠；爲人君者，以爲君鵠；爲人臣者，以爲臣鵠。』故射者，各射己之鵠。故天子之大射，謂之射侯；射侯者，射爲諸侯也。射中則得爲諸侯，射不中則不得爲諸侯。

天子將祭，必先習射于澤。澤者，所以擇士也。已射于澤，而後射于射宫。射中者得與于祭，不中者不得與于祭。不得與于祭者，有讓削以地；得與于祭者，有慶益以地，進爵、絀地是也。

故男子生，桑弧蓬矢六，以射天地四方。天地四方者，男子之所有事也。故必先有志于其所有事，然後敢用穀也，飯食之謂也。

射者，仁之道也。射求正諸己，己正而後發，發而不中，則不怨勝己者，反求諸己而已矣。孔子曰：『君子無所争，必也射乎！揖讓而升，下而飲，其争也君子。』

孔子曰：『射者何以射？何以聽？循聲而發，發而不失正鵠者，其唯賢者乎！若夫不肖之人，則彼將安能以中？』《詩》云：『發彼有的，以祈爾爵。』祈，求也，求中以辭爵也。酒者，所以養老也，所以養病也。『求中以辭爵』者，辭養也。

燕義第四十七

古者周天子之官，有庶子官。庶子官職諸侯、卿、大夫、士之庶子之卒，掌其戒令，與其教治，别其等，正其位。國有大事，則率國子而致于大子，唯所用之。若有甲兵之事，則授之以車甲，合其卒伍，置其有司，以軍法治之，司馬弗正。凡國之政事，國子存游卒，使之脩德學道，春合諸學，秋合諸射，以考其藝而進退之。

諸侯燕禮之義，君立阼階之東南，南鄉，爾卿，大夫皆少進，定位也；君席阼階之上，居主位也；君獨升立席上，西面特立，莫敢適之義也。

設賓主，飲酒之禮也。使宰夫爲獻主，臣莫敢與君亢禮也。不以公卿爲賓，而以大夫爲賓，爲疑也，明嫌之義也。賓入中庭，君降一等而揖之，禮之也。

君舉旅于賓，及君所賜爵，皆降，再拜稽首，升成拜，明臣禮也。君答拜之，禮無不答，明君上之禮也。臣下竭力盡能以立功于國，君必報之以爵禄，故臣下皆務竭力盡能以立功，是以國安而君寧。禮無不答，言上之不虚取于下也。上必明正道以道民，民道之而有功，然後取其什一，故上用足而下不匱也。是以上下和親而不相怨也。和寧，禮之用也。此君臣上下之大義也。故曰：『燕禮者，所以明君臣之義也。』

席：小卿次上卿，大夫次小卿，士、庶子以次就位于下。獻君，君舉旅行酬，而後獻卿；卿舉旅行酬，而後獻大夫；大夫舉旅行酬，而後獻士；士舉旅行酬，而後獻庶子。俎豆、牲體、薦羞，皆有等差，所以明貴賤也。

禮記卷第六十三

聘義第四十八

聘禮：上公七介，侯伯五介，子男三介，所以明貴賤也。介紹而傳命，君子于其所尊弗敢質，敬之至也。三讓而後傳命，三讓而後入廟門，三揖而後至階，三讓而後升，所以致尊讓也。君使士迎于竟，大夫郊勞，君親拜迎于大門之內而廟受，北面拜貺，拜君命之辱，所以致敬也。敬讓也者，君子之所以相接也。故諸侯相接以敬讓，則不相侵陵。卿爲上擯，大夫爲承擯，士爲紹擯。君親禮賓，賓私面私覿，致饔餼，還圭璋，賄贈，饗、食、燕，所以明賓客君臣之義也。故天子制諸侯，比年小聘，三年大聘，相厲以禮。使者聘而誤，主君弗親饗食也，所以愧厲之也。諸侯相厲以禮，則外不相侵，內不相陵。此天子之所以養諸侯，兵不用，而諸侯自爲正之具也。

以圭璋聘，重禮也；已聘而還圭璋，此輕財而重禮之義也。諸侯相厲以輕財重禮，則民作讓矣。

主國待客，出入三積，餼客于舍。五牢之具陳于內，米三十車，禾三十車，芻薪倍禾，皆陳于外。乘禽日五雙，群介皆有餼牢，壹食，再饗，燕與時賜無數，所以厚重禮也。

古之用財者，不能均如此，然而用財如此其厚者，言盡之于禮也。盡之于禮，則內君臣不相陵，而外不相侵。故天子制之，而諸侯務焉爾。

聘、射之禮，至大禮也。質明而始行事，日幾中而後禮成，非强有力者，弗能行也。故强有力者，將以行禮也；酒清，人渴而不敢飲也；肉乾，人飢而不敢食也；日莫人倦，齊莊、正齊，而不敢解惰，以成禮節，以正君臣，以親父子，以和長幼。此衆人之所難，而君子行之，故謂之有行。有行之謂有義，有義之謂勇敢。故所貴于勇敢者，貴其能以立義也；所貴于立義者，貴其有行也；所貴于有行者，貴其行禮也。故所貴于勇敢者，貴其敢行禮義也。故勇敢强有力者，天下無事，則用之于禮義；天下有事，則用之于戰勝。用之于戰勝則無敵，用之于禮義則順治。外無敵，內順治，此之謂盛德。故聖王之貴勇敢、强有力如此也。勇敢、强有力而不用之于禮義、戰勝，而用之于爭鬥，則謂之亂人。刑罰行于國，所誅者亂人也。如此，則民順治而國安也。

子貢問于孔子曰：「敢問君子貴玉而賤碈者，何也？爲玉之寡而碈之多與？」孔子曰：「非爲碈之多故賤之也，玉之寡故貴之也。夫昔者，君子比德于玉焉：溫潤而澤，仁也；縝密以栗，知也；廉而不劌，義也；垂之如隊，禮也；叩之，其聲清越以長，其終詘然，樂也；瑕不揜瑜，瑜不揜瑕，忠也；孚尹旁達，信也；氣如白虹，天也；精神見于山川，地也；圭璋特達，德也；天下莫不貴者，道也。《詩》云：『言念君子，溫其如玉。』故君子貴之也。」

喪服四制第四十九

凡禮之大體，體天地，法四時，則陰陽，順人情，故謂之禮。訾之者，是不知禮之所由生也。

夫禮，吉凶異道，不得相干，取之陰陽也。喪有四制，變而從宜，取之四時也。有恩有理，有節有權，取之人情也。恩者仁也，理者義也，節者禮也，權者知也。仁、義、禮、知，人道具矣。

其恩厚者其服重，故爲父斬衰三年，以恩制者也。

門内之治，恩揜義；門外之治，義斷恩。資于事父以事君，而敬同，貴貴尊尊，義之大者也。故爲君亦斬衰三年，以義制者也。

三日而食，三月而沐，期而練，毁不滅性，不以死傷生也。喪不過三年，苴衰不補，墳墓不培。祥之日，鼓素琴，告民有終也，以節制者也。資于事父以事母，而愛同。天無二日，土無二王，國無二君，家無二尊，以一治之也。故父在爲母齊衰期者，見無二尊也。

杖者何也？爵也。三日授子杖，五日授大夫杖，七日授士杖。或曰擔主，或曰輔病，婦人、童子不杖，不能病也。百官備，百物具，不言而事行者，扶而起；言而後事行者，杖而起。身自執事而後行者，面垢而已。秃者不髽，傴者不袒，跛者不踴，老病不止酒肉。凡此八者，以權制者也。

始死，三日不怠，三月不解，期悲哀，三年憂，恩之殺也。聖人因殺以制節。此喪之所以三年，賢者不得過，不肖者不得不及，此喪之中庸也，王者之所常行也。《書》曰『高宗諒闇，三年不言』，善之也。王者莫不行此禮，何以獨善之也？曰：高宗者，武丁。武丁者，殷之賢王也。繼世即位，而慈良于喪。當此之時，殷衰而復興，禮廢而復起，故善之。善之，故載之《書》中而高之，故謂之高宗。三年之喪，君不言。《書》云『高宗諒闇，三年不言』，此之謂也。然而曰『言不文』者，謂臣下也。禮：斬衰之喪，唯而不對；齊衰之喪，對而不言；大功之喪，言而不議；緦、小功之喪，議而不及樂。父母之喪，衰冠、繩纓、菅屨，三日而食粥，三月而沐，期十三月而練冠，三年而祥。

比終茲三節者，仁者可以觀其愛焉，知者可以觀其理焉，强者可以觀其志焉。禮以治之，義以正之，孝子、弟弟、貞婦皆可得而察焉。